JN312935

材料学シリーズ

堂山 昌男　小川 恵一　北田 正弘
監　修

結晶・準結晶・アモルファス

竹内　伸
枝川 圭一　著

内田老鶴圃

材料学シリーズ刊行にあたって

　科学技術の著しい進歩とその日常生活への浸透が20世紀の特徴であり，その基盤を支えたのは材料である．この材料の支えなしには，環境との調和を重視する21世紀の社会はありえないと思われる．現代の科学技術はますます先端化し，全体像の把握が難しくなっている．材料分野も同様であるが，さいわいにも成熟しつつある物性物理学，計算科学の普及，材料に関する膨大な経験則，装置・デバイスにおける材料の統合化は材料分野の融合化を可能にしつつある．

　この材料学シリーズでは材料の基礎から応用までを見直し，21世紀を支える材料研究者・技術者の育成を目的とした．そのため，第一線の研究者に執筆を依頼し，監修者も執筆者との討論に参加し，分かりやすい書とすることを基本方針にしている．本シリーズが材料関係の学部学生，修士課程の大学院生，企業研究者の格好のテキストとして，広く受け入れられることを願う．

　　　　　　　　　　　監修　　堂山昌男　小川恵一　北田正弘

「結晶・準結晶・アモルファス」によせて

　私達の生命はもちろんのこと，日常活動の基礎は物質によって支えられている．人類は，その発展の歴史の中で様々な物質とめぐり合い，その中から生活に必要なものを選びだしてきた．特に，近代から現代までは物質の発見とその材料への応用が濃縮された時期であった．これらの物質の多くは天然のものではなく，化合物から還元したり合成したものである．研究者は，私達の住む天体の中での"可能な存在"を見出すことに情熱を傾けている．本書の主題である準結晶やアモルファスもその情熱の中から生まれたもので，未知の可能性を秘めた材料である．著者の竹内博士はこの分野の権威であり，枝川博士は新進気鋭の研究者である．未来を担う材料の書として広く推薦する．

　　　　　　　　　　　　　　　　　　　　　　　　　　北田正弘

緒　言

　人類は何万年にもわたって，物質を有効に利用することによって豊かな生活を営む努力を行ってきた．原始時代には石や木のような自然の産物が利用の対象であった．それが次第に製錬や加工という技術の習得によって人工的に物質を生産して利用するようになった．近代から現代に至ると，物質のさまざまな機能を利用した極めて高度な物質利用法が開発されて，高度技術社会の時代を迎えることになった．

　このような物質の利用の長い歴史の中で，科学が発達する前近代的な段階では，全く試行錯誤によって有用な物質の生産が行われていたのであって，なぜその物質が有用な性質をもつのかなどについては全く未知であった．物質の合成や分離などが科学的に理解され，ドルトンが物質の構造を論じたのは 19 世紀に入ってからであり，人類の歴史の中ではごく最近のことである．さらに，物質の原子構造が解明されるようになったのは，1912 年にラウエが X 線回折現象を発見してからであり，まだ 100 年にもならない．X 線回折実験による構造研究の進歩によって，それまでの形態学的な結晶学は確固たる精密科学としての結晶物理学に発展した．その後は堰を切ったように物質の原子構造の解明が行われ，現在では何十万という物質の X 線回折データを収録したデータ集を利用すれば，たいていの物質は直ちに同定を行うことが可能になったのである．

　昔は鉱物結晶やイオン結晶のように外形が明確な結晶面で構成されているものだけが結晶であると考えられていた．しかし，X 線回折実験が開始されてからすぐに明らかになったことは，ほとんどの無機物は外形が不定形をしていても，その構造は結晶であるという事実である．もちろんガラスのように結晶構造をもたない物質の存在も明らかにされたが，このような物質の

存在はむしろ例外的であることが確立したのである．固体の構成原子が結晶格子を組んでいない状態を英語ではamorphousという．日本語では以前は無定形あるいは非晶質と呼ばれてきたが，最近ではアモルファスという呼称が定着した．

　アモルファスの状態は熱力学的には非平衡状態が凍結されたものである．無機物の安定状態，すなわち自由エネルギーが最小の状態はすべて結晶状態であると長い間信じられていた．それが，ごく最近になって，準結晶という結晶と異なる安定状態が存在することが確立したのである．準結晶は1984年に発表された，シェヒトマンらによる正20面体対称の電子回折パターンの発見に端を発している．当初発見された準結晶は準安定相であったが，その後多数の系で安定相としての準結晶が発見された．筆者らの研究室においても過去10年にわたって準結晶という新物質の研究に携わってきた．その間，準結晶という物質の本性が次第に明らかにされ今日に至った．本書を執筆する動機の一つは，準結晶という物質について正しく一般の人，特に理工系の学生，研究者，技術者などに理解してもらいたいということであった．

　準結晶は結晶とアモルファスの中間的な構造の物質であるといわれることがある．しかし，この表現は必ずしも妥当ではなく，むしろ結晶の延長線上にある物質，あるいは結晶の定義を拡張することによって特殊な結晶であると見なす方が適切なのである．そのようなわけで，準結晶を理解するためには結晶学の知識が不可欠である．したがって，本書は無機物の3態である結晶，準結晶，アモルファスについて総括的に記述することにした．もちろん，準結晶はアモルファス物質ほど普遍的でないし現在はまだ実用的な価値もほとんどないといってよい物質なので，結晶性物質やアモルファス物質と同列に取り扱うのは本来適当ではない．しかし，本書は準結晶という物質の紹介に大きなウェイトを置いているので，これら3種類の物質をほぼ同等に取り扱っているという点を御理解頂きたい．

　本書の構成は，第1章で固体の凝集機構について述べ，第2章では固体の原子構造の決定法についてその原理とさまざまな手法について解説した．第

3章，第4章，第5章は本書の中心的な部分で，それぞれ結晶，準結晶，アモルファスについてその構造を中心に記述した．最後に第6章で物質の構造と性質との間の関連について概観した．

このように，本書は無機物の原子構造に焦点を当てて，できるだけ分り易く統一的な記述を試みた．将来物質科学や材料科学の研究を志す学生，あるいはこれらの研究に携わる研究者，技術者にとって，少しでも物質の本性を理解する上でお役に立つことができれば幸である．

1997年1月

竹内　伸

改訂新版にあたって

初版を出版してから約10年が経った．その間，準結晶の研究でさまざまな新しい展開がみられた．まず，準結晶という新物質が確立したことに伴い，1996年に「国際結晶学連合」において「結晶」の定義が準結晶も含まれるように改定された．それまで"特定の原子集団が並進秩序配列した物質"として実空間(position space)の属性で定義されていたものを，"本質的に不連続な回折図形をもつ物質"と逆空間(Fourier space)の属性で定義しなおした．したがって，広義には「準結晶」も「結晶」の一種となったのである．しかし，一般的には，いまだにこれら二つの言葉は区別して用いられているので，改訂新版でも初版の記述をそのまま踏襲する．

この10年間に新しいタイプの準結晶が発見された．現在確立している正20面体準結晶相の種類については巻末の付録に記載した．また，改訂新版では初版の記述の誤りを本文中で訂正するとともに，本文中の訂正ですまない部分はその章末に補遺として追記した．

2008年9月

著　者

目　次

材料学シリーズ刊行にあたって
「結晶・準結晶・アモルファス」によせて

緒　言 …………………………………………………………………… iii

第1章　原子の凝集　　　　　　　　　　　　　　　　　　　1

　1・1　序 ………………………………………………………………… *1*
　1・2　原子の凝集機構 …………………………………………………… *5*
　1・3　凝集機構と構造 …………………………………………………… *16*
　1・4　固体の分類 ………………………………………………………… *19*

第2章　固体の構造決定法　　　　　　　　　　　　　　　25

　2・1　序 ………………………………………………………………… *25*
　2・2　回折理論の基礎 …………………………………………………… *27*
　2・3　並進秩序と回折 …………………………………………………… *30*
　2・4　回折法による構造決定 …………………………………………… *37*
　2・5　原子配列直接観察法 ……………………………………………… *49*

第3章　結　晶　　　　　　　　　　　　　　　　　　　　61

　3・1　序 ………………………………………………………………… *61*
　3・2　結晶の対称性 ……………………………………………………… *63*
　3・3　結晶構造 …………………………………………………………… *69*
　3・4　結晶中の欠陥 ……………………………………………………… *78*

目次

第4章 準結晶　　87

- 4・1 序 …… 87
- 4・2 準結晶の概念 …… 90
- 4・3 準結晶構造の特徴 …… 97
- 4・4 準結晶の種類 …… 108
- 4・5 準結晶の原子配列 …… 111
- 4・6 準結晶の安定性 …… 116

第5章 アモルファス固体　　119

- 5・1 序 …… 119
- 5・2 アモルファスの構造 …… 123
- 5・3 アモルファスの形成 …… 132
- 5・4 種々のアモルファス物質 …… 137

第6章 物質の構造と物質の性質　　143

- 6・1 序 …… 143
- 6・2 物性の異方性 …… 144
- 6・3 塑性と構造 …… 147
- 6・4 電気伝導と構造 …… 153
- 6・5 磁性と構造 …… 159
- 6・6 光学的性質と構造 …… 162

改訂新版補遺 …… 24, 60
改訂新版付録 …… 166

索引 …… 169

第 1 章　原子の凝集

1・1　序

　天然に存在する元素の種類は約100種類である．この世の中に存在する物質は，すべてこれらの元素の組み合わせによって構成されている．そして，その組み合わせによって生成される物質は実に多種多様である．中には，ダイヤモンドのように，炭素という単一の元素からできている物質も存在する．それを単体という．ほとんどの物質は何種類もの元素が混じり合ってさまざまな化合物や合金をつくっている．

　単体にしろ化合物にしろ，温度を上昇させると融解したり分解する．さらに温度を上昇させると気化が生じて気体になる．温度を上昇させると，原子や分子の熱振動が激しくなり，より乱雑な構造になろうとするからである．固体，液体，気体の三つの状態を物質の3態という．

　逆に，原子や分子が高温で激しく熱運動をしている状態から次第に温度を下げてゆく状況を想定する．温度が下がると原子や分子が凝集するという事実は，原子間や分子間に引力が働くことを意味している．その引力の起源には，次節で述べるようにさまざまな場合があるが，原子間の相互作用エネルギーを原子間の距離の関数として表すと図1-1のようになる．このような曲線を原子間ポテンシャル(interatomic potential)という．原子間の距離が近づくと引力が働き，系の内部エネルギーが減少する．その引力をもたらす主役は個々の原子の外殻電子である．それがどのような役割を果たすのかは次節で述べる．

2　　　　　　　　　　第1章　原子の凝集

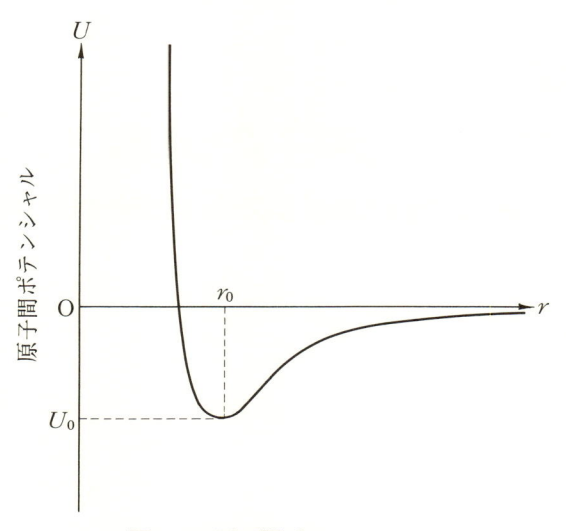

図1-1　原子間ポテンシャル.

　外殻電子の内側では電子が閉殻を形成している．原子が接近して閉殻同士が互いに接するようになると，こんどは急激に大きな反発力が発生する．このような原子間の引力と反発力の和として，図1-1で示すように，ある原子間距離 r_0 の所に最小値をもつような原子間ポテンシャルがつくられる．r_0 の値は 2.5～3.5Å である．原子が凝集するという現象は，隣り合う原子間の距離がだいたい r_0 になって系が安定化するということである．

　原子が凝集した状態では，各原子は多数の隣接する原子をもつことになるが，この隣接する原子数を配位数(coordination number)という．配位数は原子の結合の様式によってさまざまであるが，金属のように密な原子配列をもつ物質では 12 に近い値である．結局，原子が凝集することによるエネルギーの利得は，二つの原子間の結合エネルギー U_0 と隣接する原子対の数の積で表されることになる．すなわち，単体1モル当たりの凝集エネルギーは，アボガドロ数を N_A，配位数を N_c として

$$U = N_A N_c U_0 / 2 \tag{1-1}$$

と表される．

　ただし，凝集エネルギーは原子間ポテンシャルの総和の形で正確に表現できるわけではない．凝集体のエネルギーは各原子対の距離だけでなく，原子の配列の状態にも関係する．すなわち，2個の原子間のポテンシャルエネルギー（2体ポテンシャル）だけでなく，周辺の原子の配列の仕方にも依存するので，3体ポテンシャルや4体ポテンシャルも関与するし，また，長距離にわたる原子配列の秩序性も関係する．さらに，金属の中の自由電子のエネルギーは凝集体全体の体積に依存する．したがって，2体ポテンシャルだけで表現した(1-1)式の凝集エネルギーはごく大雑把な表現でしかない．

　凝集した状態から原子が1個外に飛び出すためには，$N_cU_0/2$ のエネルギーが必要である．もし，個々の原子の熱エネルギー k_BT（k_B はボルツマン因子，T は温度）の値が $N_cU_0/2$ よりずっと小さければ，その温度で凝集体は安定に存在する．すなわち，沸点や昇華点は凝集エネルギーが大きなものほど高く，小さなものほど低い．原子が凝集しても，凝集状態の中で原子が激しく熱運動する高温状態では，隣接する原子間の距離はほぼ r_0 の値を保ちながら乱雑な構造をとる．それが液体状態である．さらに温度が下がると，唯一の例外を除いて，すべての物質は原子の流動が止まって固体になる．

　温度によるこのような状態の変化は，熱力学では自由エネルギーを用いて論じられる．ある温度での固体の構造はヘルムホルツの自由エネルギー

$$F = U - TS$$

が最低の状態をとる．ここで，S は系の状態の乱雑さを表す指標で，エントロピーと呼ばれる量である．U は内部エネルギー，T は温度である．この自由エネルギーの式から明らかなように，高温ではエントロピー S の大きい状態がより安定であるが，低温では内部エネルギー U の低い秩序性の高い構造が安定になる．ある温度以下では，内部エネルギーの低い固体の状態の自由エネルギーが，内部エネルギーは高いがエントロピーも大きい液体の自由エネルギーを下回るのである．その温度が凝固点（融点）である．

　唯一，いくら温度を下げても固体にならない物質がヘリウムである．1気

圧のもとでは，ヘリウムは絶対零度になっても液体のままでいる．それは，ヘリウム原子間の引力の相互作用が非常に小さいために，量子力学的な位置の不確定性(零点振動エネルギー)に打ち勝つことができず，各原子が結晶格子を組んで止まっていられないのである．ただし，圧力をかけて原子間の距離を縮めると相互作用が大きくなり結晶化する．

　固体の凝集エネルギーは，その固体が絶対零度の状態からすべての原子がばらばらに分解した状態に至るまでのエネルギーの増加分で定義される．単体の凝集エネルギーの例を融点および沸点とともに表1-1に示す．凝集エネルギーの値はeV/atomという単位で表した．eV(electron-volt)というエネルギーの単位は，原子が関与するさまざまなエネルギーを表すのに都合のよい大きさなので，習慣的に広く用いられている．$1\,\mathrm{ev} = 1.60219 \times 10^{-19}\,\mathrm{J}$である．この表から，凝集エネルギーは沸点とよい相関をもつことがわかる．

　この世の中に存在する物質は無機物と有機化合物に大別される．有機化合物というのはCを主体としてそれにHおよびOまたはNと結合した化合物である．その中に他の非金属元素や金属元素を少量含むこともある．有機化合物は英語でorganic compound(生体の器官の化合物)というように，本来，生物が生産する物質のことであったが，近年では人工的にも有機物を合成できるので，物質的には無機物との間に厳密な区別はない．

表1-1　単体の凝集エネルギー，融点および沸点(1気圧)．

元素	凝集エネルギー(eV)	融点(K)	沸点(K)
Ar	0.080	83	87
Ag	2.96	1234	2210
Al	3.34	932	2467
Au	3.78	1336	2940
Fe	4.29	1803	2750
Si	4.64	1687	2608
W	8.66	3673	5940

しかし，一般に，有機物は何千，何万という数のC原子やH原子が結合して大きな分子を形成し，空間的にも複雑な形をしている．それに対し，無機物は金属や酸化物のように単純な構造をしているものが多い．したがって，構成元素の違いだけでなく，構造の点からも明らかに有機物とは大きな違いがある．我々の生活との関連でいえば，無機物は材料科学における対象物質であり，有機物は生命科学および材料科学の両分野にわたる対象物質である．このように，無機物と有機物はさまざまな面で異なった世界を形成しているので，一般に別々に取り扱われる．

　本書で取り扱う対象は無機物である．本書は広く無機物の世界をミクロな視点で眺め，それがどのように分類され，それぞれどのような構造をもち，どのような特徴をもつのかを理解することを目的とする．

1・2　原子の凝集機構

　前節で述べたように，原子や分子間には引力が作用するので液体や固体のような凝集体が形成される．引力の起源には以下に述べるさまざまな種類があり，その引力の起源の相違がその凝縮体の構造を決め，その性質(物性)の特徴をもたらす．引力の起源に重要な役割を果たすのがそれぞれの原子の外殻電子であることは前節で述べた．したがって，同種の原子同士が，あるいは異なる原子間でどのような相互作用が生じるのかを理解するためには，まず，周期表を理解することが必要である．表1-2は元素周期表である．

　図1-2に原子の構造を模式的に示す．原子核は陽子と中性子からなり，陽子の数と同数の電子が原子核のまわりに存在する．ほとんどの電子は安定な閉殻を構成していて，一番外側に外殻電子が存在する．周期表は外殻電子によってすべての元素を整理した表である．周期表の1A族，1B族および2A族，2B族はそれぞれ外殻にs電子を一つまたは二つもつ元素である．3B族から7B族まではs電子二つにp電子が加わって外殻を構成している．それに対し，3A族から7A族までと8族は，s電子とその内側のd電

表1-2 周期表.

族\周期	1A	2A	3A	4A	5A	6A	7A	8			1B	2B	3B	4B	5B	6B	7B	0
1	H																	He
2	Li	Be											B	C	N	O	F	Ne
3	Na	Mg					遷	移	金	属			Al	Si	P	S	Cl	Ar
4	K	Ca	Sc	Ti	V	Cr	Mn	Fe	Co	Ni	Cu	Zn	Ga	Ge	As	Se	Br	Kr
5	Rb	Sr	Y	Zr	Nb	Mo	Tc	Ru	Rh	Pd	Ag	Cd	In	Sn	Sb	Te	I	Xe
6	Cs	Ba	ランタノイド	Hf	Ta	W	Re	Os	Ir	Pt	Au	Hg	Tl	Pb	Bi	Po	At	Rn
7	Fr	Ra	アクチノイド															

ランタノイド	La	Ce	Pr	Nd	Pm	Sm	Eu	Gd	Tb	Dy	Ho	Er	Tm	Yb	Lu
アクチノイド	Ac	Th	Pa	U	Np	Pu	Am	Cm	Bk	Cf	Es	Fm	Md	No	Lr

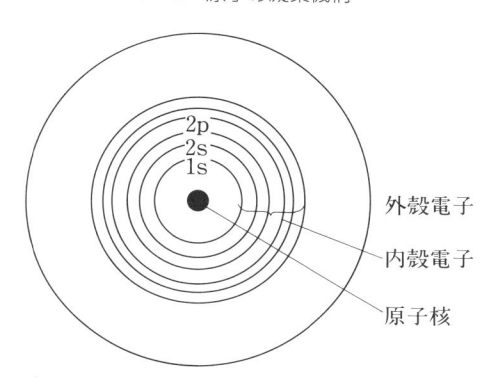

図 1-2 原子の模式図．実際には電子は必ずしも円運動しているわけではない．

子とで価電子を形成していて，遷移金属とよばれる．ランタノイドは Y，Sc とともに希土類元素とよばれ，4f 電子の数が系統的に変化しているが，価数はだいたい 3 価で化学的性質は極めて類似している．アクチノイドは 5f 電子を含むが化学的性質は希土類元素と類似しているので，第 2 希土類元素ともよばれる．

　これらの元素の単体の固体は，その性質から金属元素，半導体・半金属元素(白ぬきの元素)および非金属元素(網かけの元素)に大別される．約 3/4 の元素が金属元素である．

　まず，単体の凝集機構について考える．周期表の左側の元素は外殻に少数の電子(価電子)をもっている．各原子が互いに遠く離れて孤立しているときには，電子はそれぞれの原子に束縛されて固有のエネルギーレベルを形成している．図 1-3(a) は孤立原子の電子エネルギー状態を模式的に表したものである．原子が互いに接近すると，外殻電子間で相互作用が生じるようになる．その結果，外殻電子は特定の原子のみに束縛されているのではなく，隣の原子にも共有された状態になる．最終的には，価電子はすべて原子からの束縛を離れて，凝縮した原子群(原子は価電子が離れているので陽イオンになっている)の間を自由に動き回るようになる．それが自由電子である．す

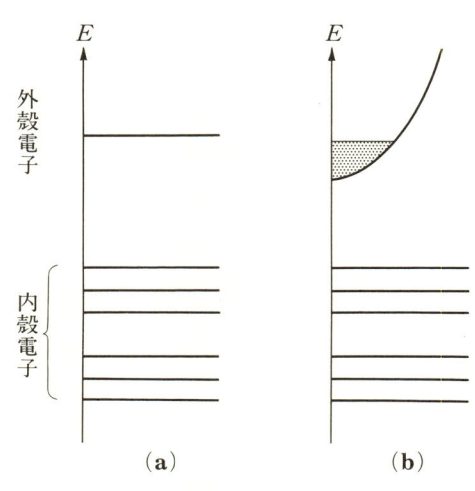

図 1-3 電子のエネルギーレベルの模式図．(a)は孤立原子の状態，(b)は金属結合をした状態．E はエネルギーを示す．

なわち，図 1-4 のように，イオン化した原子が自由電子の海の中に浸っている状態が生じる．これが典型的な金属である．

このような状況になるのは，原子が凝縮して価電子が自由電子になった方がエネルギーが下がるからにほかならない．そのエネルギー低下は電子の運動エネルギーの減少によってもたらされる．量子力学でよく知られているように，電子の運動量 p は，電子波の波長を λ，プランク定数を h として $p=h/\lambda$ と表される．すなわち，波長が長いほど運動量が小さく運動エネルギー（$=p^2/2m$：m は電子の質量）が小さい．電子が特定の原子に束縛されているときには，その電子の波長は原子の大きさ程度であるが，多数の陽イオンの凝集体の中で電子が拡がって存在する場合には，その波長は凝集体の大きさ程度になるので，運動エネルギーは非常に小さくなる．ただし，パウリの原理によって，同一固体の中ですべての電子が長波長の低いエネルギー状態をとるわけにはいかない．電子は長波長の低エネルギー状態から順番に波長の短い高エネルギーの状態に入っていくことになる．すなわち，孤立した原子

1・2 原子の凝集機構

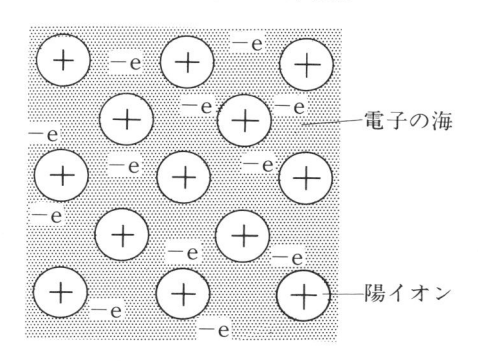

図1-4 金属結晶の状態を示す．

の状態では特定の定まったエネルギーをもつ価電子は，凝集体の中ではあるエネルギー幅をもった多数のエネルギー状態に分かれる．これを電子のエネルギーバンドとよぶ．

図1-3(b)は凝集体の中の電子のエネルギー分布を示している．内殻電子は相変わらず各原子に束縛されているので，そのエネルギーは孤立原子の場合とほとんど変わらない．一方，価電子はエネルギーバンド(価電子帯)を形成し，その平均のエネルギーは上で述べた理由で孤立原子の価電子のエネルギーよりも低くなる．これらが金属結合の由来である．このエネルギーの利得は1電子当たり1 eVのオーダーである．

価電子帯を構成する電子は，1 A，2 A族の金属ではs電子であり，その他の金属ではp電子も加わる．遷移金属ではd電子も価電子帯に混ざってくるが，同時に原子間にd電子による方向性をもった結合が生じるので，凝集エネルギーは大きく，融点や沸点が高い．

4 B族のSiやGe原子の価電子はs電子2個とp電子2個(s^2p^2)からなる．孤立した原子の状態ではこれらの電子は別々のエネルギーレベルを形成し独立に電子軌道を形成している．しかし，これらの原子が凝集すると，s電子とp電子の軌道の混じり合い(hybridization)による混成軌道(hybridized orbital)が形成され，エネルギーが減少する．その混成は，孤立した原

子の s^2p^2 と異なる sp^3 の軌道の間で行われる．それによって価電子の軌道が4方向に対称的に伸びた方向性をもつようになり，原子が互いに4配位に結合した状態になる．その結果，共有結合結晶が形成される．

　このような価電子の状態は，自由電子ではないという点で金属の場合と決定的に異なる．価電子もエネルギーバンドを形成するが，金属の場合のように高いエネルギーまで状態が連続的につながっていないので，図1-5に示すように，価電子帯(valence band)は閉じた電子帯を形成する．価電子帯が閉じていて完全に電子で詰まっている場合には，ここに属するすべての電子は状態を変えることができない．すなわち，電圧をかけても，一方向に電子の運動量を増すことができないので，電流が流れることはない．さらに，高いエネルギーの所にも電子のとりうる状態が存在するが，その間にギャップがある．価電子帯は結合状態の電子で構成され，エネルギーの高い状態は反結合状態とよばれる電子状態で構成される．上のエネルギーバンドに入った電

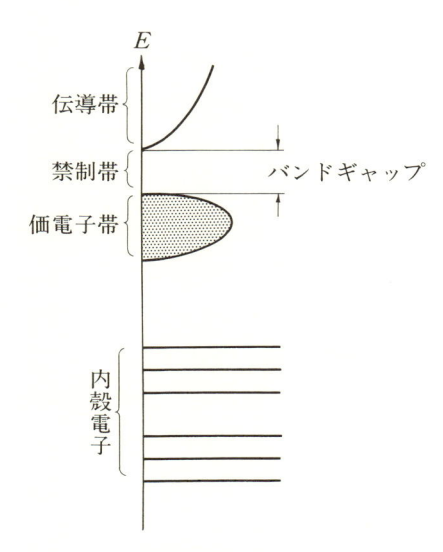

図1-5 半導体の電子レベル．

子は自由電子となるので，上のバンドを伝導帯(conduction band)とよぶ．価電子帯のトップと伝導帯の底との間は禁制帯(forbidden band)とよばれ，そのエネルギー差がバンドギャップ(bandgap)で，Siで1.1 eV，Geで0.7 eVである．高温では，価電子帯の電子がこの程度のバンドギャップを越えて伝導帯に熱的に励起されるので，電流が流れるようになる．金属ほど電気抵抗は低くないが絶縁体でもないので半導体とよばれる．

6B族のO(酸素)やSおよび7B族元素は，多数の原子が凝集する以前に，O_2やCl_2など共有結合で強く結合した2原子分子を形成し，室温では気体である．0族のHeやNeなどは単原子分子としてやはり気体である．0族の元素は外殻電子がないので他の元素と反応しないため，不活性ガスとよばれる．しかし，これらの分子も温度を下げると凝集し液体となり，最終的にはHeを除いてすべて結晶になる．これらの分子を凝縮させる主な原因は，分子が電気的に分極することによる静電的な相互作用である．このような相互作用による力をファン・デル・ワールス力(van der Waals force)という．この力は非常に弱いので，その結合は熱エネルギーによって容易に破壊される．したがって，これらの分子結晶の融点や沸点の温度は著しく低い($-100 \sim -200\,°C$)．

以上は単体の代表的な結合様式であるが，化合物ではこれらの結合様式に加えてイオン結合が加わる．典型的なイオン結晶は，NaClのような1A族元素と7B族元素が結合したアルカリハライド結晶(1A族元素はアルカリ金属，7B族はハロゲン元素とよばれることからこのようによばれる)，CaOのような2A族の酸化物などである．金属原子は外殻電子を放出して陽イオンとなり，ハロゲン原子や酸素は電子を捕獲して陰イオンとなる．これらの陽イオン，陰イオンが交互に規則的に凝集することによってイオン結晶が形成される(図1-6)．

金属元素をイオン化するには大きなエネルギーが必要であるが，正負のイオンが凝集することによる静電エネルギーの利得がそれをはるかに上回るので，イオン結晶は大きな凝集エネルギーをもつのである．イオン間の静電ポ

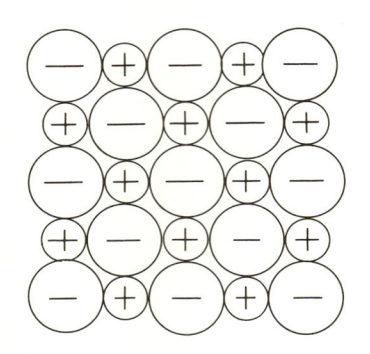

図 1-6 イオン結晶中のイオンの配列.

テンシャルには距離に逆比例する長距離に及ぶ性質があるので，イオン結晶の静電エネルギーの値には，遠方のイオン間のポテンシャルがすべて関与する．正負のイオンが特定の格子を組んだときの静電エネルギーをマーデルング(Madelung)エネルギーという．イオン結晶には自由電子は全く存在しないので，電子のバンド構造は図 1-5 の半導体の場合と同じである．ただし，バンドギャップは，半導体の場合は 1 eV かそれ以下であるのに対し，イオン結晶では 5 eV 程度の大きな値である．そのため，高温でも自由電子による伝導は生じない．その代わり，電荷をもつイオン自体が電場で力を受けて結晶中を移動し，その結果電流が流れるようになる．この現象をイオン伝導という．

半導体的な性質をもつ化合物の典型が GaAs, InSb などの 3 B 族元素と 5 B 族元素の化合物(III-V 族化合物)である．これらの化合物では，III 族元素が V 族元素から外殻電子を供給されることによって，Si, Ge の 4 B 族元素と同じ外殻電子構造を形成する．それらが sp^3 の混成軌道を構成することによって，4 B 族元素と同じ 4 配位の共有結合構造をとり，やはり 1 eV のオーダーのバンドギャップをもつ半導体になる．また，CdS や ZnSe などの 2 B 族元素と 6 B 族元素の化合物では，金属元素からカルコゲン元素(S, Se, Te をカルコゲン元素とよび，これらの化合物をカルコゲナイドという)

に2個の電子を供給することによって，Ⅲ-Ⅴ族化合物と同様の結合をし，Ⅱ-Ⅵ族化合物半導体を形成する．ただし，これらの化合物では，金属原子から非金属原子へ電荷の移動(charge transfer)が生じているので，イオン結合的な性格も併せもっている．一般に周期表の左側の元素と右側の元素が化合物を形成したときに，その結晶がどの程度イオン結合的であるかを示すイオン性(ionicity)という指標が，ポーリング(L. Pauling)とフィリップス(J. C. Phillips)によって定められている．SiやGeはゼロで，Ⅲ-Ⅴ族化合物，Ⅱ-Ⅵ族化合物，アルカリハライド結晶の順にイオン性が高くなる．

　ほとんどの金属元素は酸化物をつくる．MgOやCaOのような価数の低い金属の酸化物はイオン結晶を形成する．しかしSiO_2のような酸化物では，図1-7のようにSiのまわりに4個のO原子が配位して共有結合のボンドを形成し，それらが空間的につながって複雑な構造の凝集体を形成する．また，CoOやTiO_2のような遷移金属の酸化物は，イオン結合的な性質と同時に，d電子が結合に関与して共有結合的な性質を併せもつものが多い．

　そのほかに，金属元素同士が化合物結晶を形成する例が無数に存在する．それらを金属間化合物という．その結合様式は一般になかなか複雑である．

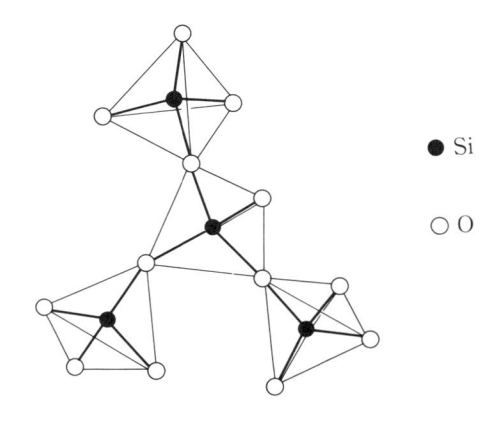

図 1-7　SiO_2 結晶中の原子の結合．

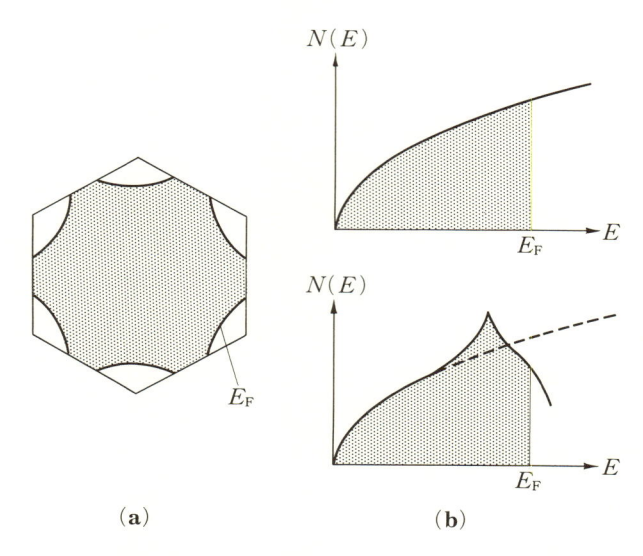

図 1-8 （a）ブリルアン境界（6角形）とフェルミ面との相互作用でフェルミ面が球面でなくなるようすを示す．（b）上はブリルアン境界がない場合の自由電子の状態密度，下はブリルアン境界との相互作用による状態密度曲線の変形のようすを示す．

　その中に，ヒューム-ロザリー化合物（Hume-Rothery compound）とよばれる一群の化合物がある．価数の異なる金属同士で合金を形成したときに，合金中の全価電子数を原子数で割った値，すなわち電子対原子比（electron-to-atom ratio, e/a と表す）の値が 3/2，7/4，21/13 のときに，それぞれに共通の構造をもった金属間化合物が生成する．イギリスのヒューム-ロザリーという金属研究者が 20 世紀初頭にこの法則を発見したので，この一群の化合物をヒューム-ロザリー化合物とよんでいる．その後，物理学者のジョーンズ（H. Jones）が，この法則を以下に述べるフェルミ球とブリルアン領域（Brillouin zone）の境界との相互作用を基に電子論的に説明した．

　図 1-8 にそのようすを図示する．自由電子は，すでに述べたように，波長の長い低エネルギー状態を順番に占有してゆく．電子波を議論するときには

一般に波長 λ よりも波数 k $(k=2\pi/\lambda)$ が用いられる．それは k が直接運動量 p $(p=h/\lambda=hk/2\pi)$ に対応するからである．電子状態を k_x, k_y, k_z で表すと，$\boldsymbol{k}$ の絶対値の小さい状態から順に電子が詰まって，$\boldsymbol{k}$ 空間で球状の領域を占めるようになる．これをフェルミ球といい，その表面をフェルミ面という．ところが，電子波の半波長が原子構造の周期に近い値になると，原子のつくる格子と電子波が相互作用して，同じ波長の電子でもエネルギーが低くなる．図1-8(a)の6角形は，$\boldsymbol{k}$ 空間で電子の波数と格子の周期性が一致する所を示している．この境界をブリルアン境界，この境界が囲む領域をブリルアン領域という．ただし，この領域の形は結晶の構造によってさまざまに変化する．ブリルアン境界の電子は結晶格子によって強く散乱される．

この現象は後に述べるX線のブラッグ反射と同じ現象である．この散乱の影響で，ブリルアン境界よりも少し内側の電子のエネルギーは減少し，少し外側の電子のエネルギーは増大するのである．もし，フェルミ球の表面(フェルミ面)がこの境界に近づくと，上に述べた理由で，等エネルギー面であるフェルミ面は境界に引張られるように変形する．このような相互作用がない場合には，自由電子のエネルギーが E と $E+dE$ との間の状態を占有する電子数 $N(E)$（これを状態密度とよぶ）と E との関係は，図1-8(b)の上の図のように，放物線の形をとる．しかし，ブリルアン境界との相互作用が生じると低エネルギー側に電子の移動が生じて，$N(E)$ の形は図1-8(b)の下の図のような形に変形する．すなわち，電子の全エネルギーが減少することになる．ジョーンズは，それぞれのヒューム-ロザリー化合物では，対応する結晶構造をとるときに，最もよくブリルアン領域が電子で埋められて電子エネルギーの利得が最大になることを示した．このように，ヒューム-ロザリー化合物は自由電子のエネルギーの利得で安定化しているので，電子化合物ともよばれている．

遷移金属を含む金属間化合物では，d電子による共有結合的な要素も凝集機構に関与する．また，金属元素同士の化合物でも，異種元素間で電荷移動が生じて，イオン結合的な性格の強い金属間化合物を形成することもある．

多くの場合，さまざまな凝集機構が同時に関与するので，凝集エネルギーの内容を明確に解釈することは一般的にそれほど単純ではない．

1・3　凝集機構と構造

　凝集機構とその凝集体のとる安定な原子構造との間には，当然のことながら，密接な関係がある．すなわち，類似の結合様式をもつ一群の物質は，その構造も共通であることが多い．

　典型的な金属では，イオン殻がほぼ接した形で陽イオンが密に空間を埋めつくし，それらを自由電子が結合している．したがって，それぞれの元素が金属状態で結合しているときには，原子は固有の大きさをもち，それは原子半径で表現される．金属元素の原子半径は 1.5 ± 0.3 Åである．多くの単体の金属は最密充塡構造[*1]をとる．遷移金属の中で5A族，6A族の元素およびFeは最密充塡構造ではなく体心立方構造(bcc構造)をとるが，それは前節で述べたようにd電子の方向性結合に由来する．アルカリ金属のLiやNaも室温ではbcc構造である．それは，これらの金属の凝集エネルギーが比較的低く，高温では隙間が大きくエントロピーの大きい構造をとろうとするからである．

　Si, Ge, C(ダイヤモンド)は4配位の構造をとるので，隙間の大きい立方晶のダイヤモンド構造をとる．III-V族化合物とII-VI族化合物もIII(II)族原子とV(VI)族原子が交互に並んだ4配位の構造をとるが，せん亜鉛鉱型構造(zincblende structure)とウルツ鉱型構造(wultzite structure)の2種に分かれる．前者は原子の種類を無視すればダイヤモンド構造と同じく立方晶であるが，後者は，4配位の正4面体の単位のつながり方がダイヤモンド構造と

[*1] 球が互いに接して空間を最も密度の高い状態で埋めつくしている状態．典型的な最密充塡構造は面心立方構造(fcc構造)と六方最密構造(hcp構造)である(第3章参照)．そのほかに，これらを組み合わせた構造も存在する．最密充塡構造の配位数は12である．

異なっていて六方晶を形成する．III-V族化合物はほとんど，せん亜鉛鉱型構造であるが，イオン性の強いII-VI族化合物ではせん亜鉛鉱型構造のものとウルツ鉱型構造のものがほぼ同数存在する．

　イオン結晶はさまざまな金属元素と非金属元素の間で形成されるが，原子がイオン化して閉殻を形成したときには，そのイオンの大きさは結晶の種類が違ってもほとんど変わらない．その半径をイオン半径という．陽イオン半径は当然原子半径よりもはるかに小さく，イオン結晶を構成する陽イオンは陰イオンよりも一般に小さい．また，周期表の下の行ほど閉殻内に多数の電子を含むので，イオン半径は大きくなる．イオン結晶では同じイオンが隣接することができないので，最密充塡構造をとることができない．よく知られた立方晶の塩化ナトリウム型が典型的なイオン結晶の構造である．この構造の配位数は6である．もう一つ配位数が8の塩化セシウム型のイオン結晶がいくつか存在する．

　そのほか，さまざまに複合した結合様式のもとに，多種多様の結晶群が存在する．表1-3には上記の典型的な金属結晶，半導体結晶，イオン結晶のほかに，酸化物，金属間化合物のうちの代表的な結晶構造を表示した．この表の中の金属間化合物の結晶構造の表記法は，20世紀初頭にドイツで出版が始まった結晶構造データ集"Structurbericht"で用いられている分類法に基づくもので，金属間化合物については現在でも広く慣習として用いられている．この中でB2型構造は塩化セシウム型と同じである．各結晶構造の具体的な原子配列については第3章を参照されたい．

　これまでに述べてきたように，同一の組成比をもち，同様の凝集機構によって生成される化合物は共通の結晶構造をもつ．また，このような一群の結晶の物理的性質(物性)も一般に共通している．たとえば，単体のfcc金属は共通して極めて延性，展性に富む．この事実は結晶構造の特徴を反映している．また，A15型の金属間化合物には高い超伝導遷移温度をもつものが多い．これもA15型化合物に共通の電子状態およびフォノンスペクトル(原子の熱振動状態)を反映した結果である．

表 1-3 結合様式と単純な結晶構造と結晶の例.

結合様式	結晶構造	結晶の例（室温）
金属結合	面心立方(fcc)	Al, Ni, Cu, Rh, Pd, Ag, Pt, Au, Pb
	六方最密(hcp)	Mg, Co, Zn, Y, Zr, Cd, Hf, Re
	体心立方(bcc)	Li, Na, K, Rb, V, Cr, Fe, Nb, Mo, Ta, W
共有結合	ダイヤモンド型	C(ダイヤモンド), Si, Ge
	せん亜鉛鉱型	AlSb, BN, GaSb, AlAs, GaAs, InSb, GaP, InAs, InP, ZnTe, ZnSe, HgTe, CdTe, CuBr, CuCl
	ウルツ鉱型	AlN, GaN, InN, BeO, CdS, CdSe
イオン結合	塩化ナトリウム型	LiH, LiF, LiCl, NaF, NaCl, NaBr, NaI, KF, KCl, KBr, KI, RbF, RbCl, RbBr, RbI
	塩化セシウム型	CsCl, CsBr, CsI, TlCl, TlBr
	蛍石型	CaF_2, $CaBr_2$, BaF_2, PbF_2, SrF_2, CeO_2
酸化物	塩化ナトリウム型	MgO, CaO, SrO, BaO, MnO, FeO, CoO, NiO
	ペロブスカイト型	$CaTiO_3$, $NaNbO_3$, $KNbO_3$, $SrTiO_3$, $SrSnO_3$, $BaTiO_3$
	スピネル型	$MgAl_2O_4$, $MgCr_2O_4$, $NiCr_2O_4$, Fe_3O_4, $SnZn_2O_4$
	ルチル型	TiO_2, SnO_2, PbO_2, GeO_2
金属間化合物	B2型	CuZn, AgMg, NiAl, CoAl, CoZr, AuCd, AnZn
	$D0_3$	Fe_3Al, Fe_3Si
	$L1_2$	Ni_3Al, Ni_3Mn, Ni_3Ge, Co_3Si, Zr_3Al, Ni_3Fe, Cu_3Au
	$D0_{19}$	Ti_3Al, Ti_3Sn
	A15	Nb_3Al, Nb_3Ga, Nb_3Sn, V_3Ga, V_3Ge, Mo_3Si, Ti_3Sb, Ta_3Sn

1・4　固体の分類

　固体がさまざまな凝集機構のもとに,さまざまな構造をもつことを見てきた.この節では,ほとんど無数に近い種類の固体がどのように分類されているのかについて述べる.

　すでに1・1節で述べたように,我々の世界の物質は大きく有機化合物と無機物に大別される.本来,有機化合物は生体が生産する炭素化合物で,無機物はそれ以外の物質の総称として定義されていた.したがって,CO_2のような単純な分子やSiCなどの化合物は炭素化合物であっても無機物である.しかし,近年は生体の生産する比較的複雑な炭素化合物も人工的に合成できるようになったので,上記の定義は意味をなさなくなったが,依然として古くからの分類がそのまま使用されている.それは,有機化合物と無機物との間には表1-4に示すようなさまざまな相異点があるからである.

　本書で取り扱う対象は無機物であるが,それもさまざまな観点から分類される.その一つは性質あるいは結合様式に基づく分類である.表1-5はそのような観点からの分類を示すが,すべての物質がどれか一つに分類されるというわけではなく,たとえばFeは金属であると同時に強磁性体である.また,MgOという結晶はイオン結晶にも分類できるし,セラミックスにも分類できる.このように,厳密な分類法ではないが,特定の物質がどのような物性的特徴をもつ物質であるのかを表現する場合には最も便利な分類法である.

表1-4　無機物と有機物の違い.

	無機物	有機物
分子を構成する原子数	少数	多数
構造	単純な構造の結晶をつくる	複雑で結晶をつくりにくい
合成	容易	一般に難しい
硬さ	硬い	軟らかい

より科学的分類法として，構造および内部組織に基づく分類がある．それを表1-6に示す．近年に至るまで，無機物の構造は結晶とアモルファス[*2]のいずれかであると考えられていた．しかし，1984年暮に「準結晶」という，結晶でもアモルファスでもない新しい構造の物質群が発見され，現在ではこれら3種類の基本構造に分類される（章末の改訂新版補遺参照）．

結晶性物質は単結晶と多結晶に分けられる．単結晶はすべての場所で結晶の方向（結晶方位という）が同一で，結晶内部に境界がない物質，多結晶体はさまざまな方位の結晶に細かく分かれていて，それらが境界で接している物質である．多結晶体を構成する個々の結晶を結晶粒，結晶粒の間の境界を結晶粒界という．ダイヤモンドなどの宝石は単結晶である．また，半導体の素

表 1-5 物性をもとにした無機物の分類．

分類	代表的な例
金属	Fe, Al, Cu, Au, Ag, W
金属間化合物	Ni_3Al, TiAl, Nb_3Sn, NiTi
合金	ステンレス，ジュラルミン，黄銅，ハンダ
半導体	Si, Ge, GaAs, GaP, CdS
イオン結晶	NaCl, KCl, KBr, $MgCl_2$, CaF_2
強磁性体	Fe, Co, Ni, MnBi, Fe_3O_4, $SmCo_5$, $Nd_2Fe_{14}B$
強誘電体	$BaTiO_3$, $LiNbO_3$, $PbTiO_3$, KH_2PO_4, $(NH_4)H_2PO_4$
超伝導体	Nb, V, Nb_3Sn, Nb_3Ge, $YBa_2Cu_3O_7$
セラミックス	MgO, Al_2O_3, SiO_2, TiC, SiC, Si_3N_4
ファン・デル・ワールス結晶	希ガス元素の結晶

[*2] アモルファス（amorphous）という言葉は本来形容詞なので，正確にはアモルファス物質あるいはアモルファス構造と表現すべきであるが，現在では和製英語として"物質"や"構造"を省略して用いられている．この書でも「アモルファス」を名詞としても用いる．なお，「非晶質」という表現が用いられることもある．

表 1-6 構造による無機物の分類.

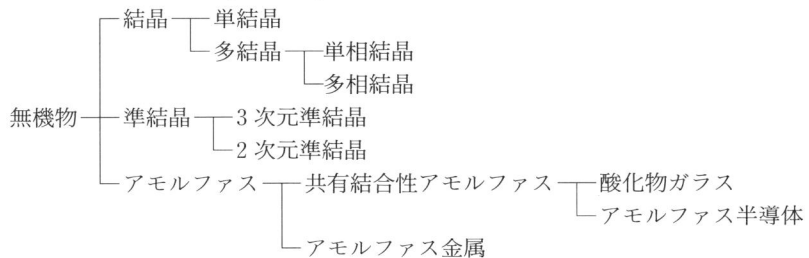

```
          ┌ 結晶    ┬ 単結晶
          │         └ 多結晶   ┬ 単相結晶
          │                    └ 多相結晶
無機物 ┼ 準結晶  ┬ 3次元準結晶
          │         └ 2次元準結晶
          └ アモルファス ┬ 共有結合性アモルファス ┬ 酸化物ガラス
                          │                          └ アモルファス半導体
                          └ アモルファス金属
```

子に使われるシリコン(Si)も良質の単結晶である．しかし，実用的に使われているほとんどの材料は多結晶体である．さらに，鉄鋼材料やアルミニウムの実用合金などでは，FeやAlの多結晶体の中に別の結晶が混じり合って高い強度を出している．このような結晶は多相結晶である．特に，セラミックスのウィスカー[*3]を金属中に分散させた場合のように，異質の物質が混合している材料を複合材料という．

後に述べるように，準結晶には3次元的な準周期構造をもつ準結晶(正20面体相)と，2次元的な準周期構造をもつ準結晶(正10角形相など)の2種類がある．これらの3次元準結晶，2次元準結晶も，それぞれが原子構造の異なる複数の種類に分類できるが，詳細は第4章で述べる．

アモルファス物質の卑近な例は，一般に見られる透明なガラスである．ガラスはSiO_2が主成分で，図1-7に示したSiとOがつくる4面体が無秩序につながった物質である．ガラスは溶融状態の珪酸塩を冷却することによって得られるが，冷却の過程で結晶の生成が行われず，液体の構造がそのまま凍結されたものである．ただし，成分によっては長時間の冷却過程で結晶化させることが可能である．

なお，熱力学の用語としての"ガラス"は，一般に，高温の溶融状態が冷

[*3] ウィスカー(whisker: ねこなどのひげの意)は直径10-100 μmの針状の結晶で，ひげ結晶ともよばれる．一般に極めて強度が高い．

却過程で過冷却状態を経て結晶化を起こさずに融液の状態が凍結されて生成されたアモルファス構造の固体を意味する．我々が日常用いている透明なガラスはよく知られた"ガラス"であるが，その他にも以下に述べるさまざまなガラスが存在し，実用に供されている．通常のガラスは室温状態にある限りガラス状態は安定であるが，熱力学的には準安定"非平衡状態"である．室温では原子の運動が極端に遅いので，実質的にアモルファス構造が平衡状態を保っているわけである．

さて，珪酸塩ガラスは共有結合の物質なので，共有結合アモルファスである．近年，太陽電池に使われているアモルファスシリコン（水素が少量含まれている）も，Si原子が共有結合で4配位に結合しているので共有結合アモルファス半導体とよばれる．アモルファス半導体にはSiやGeのほかにAs_3Se_2などのカルコゲナイドのアモルファス半導体もある．アモルファスシリコンは溶融状態から冷却して作成するのではなく化学蒸着法（Chemical Vapor Deposition：CVD）とよばれる一種の蒸着法で作成されるので，上で定義したガラスではない．カルコゲナイドのアモルファスは溶融状態から作成されるのでカルコゲナイドガラスとよばれる．

合金を溶融状態からさまざまな方法で超急冷することによって，金属ガラスを作成できることが，1970年代に入って多数の合金系で明らかになった．ただし，純金属については，融液からどのような方法で急冷しても結晶が生じてしまうので，純金属ガラスは得られない．蒸着法やスパッター法などの方法では純金属のアモルファス状態もつくることができる．これらを総称してアモルファス金属という．アモルファス金属の原子構造は，第5章でも詳しく述べるように，近似的に球の密な充填構造と考えることができるので，配位数は金属結晶の場合と同じく約12である．それに対して，共有結合性のアモルファスの場合には，配位数が2，3，4という小さな数なので，原子間に大きな隙間をもつ構造になる．

すべてのアモルファスは熱力学的には非平衡状態にある物質である．すなわち，物質のもう一つの分類法として，それが熱力学的に安定状態なのか，

準安定状態なのか,あるいは非平衡状態なのかという区分がある.特に,高温状態から急速に冷却したり,あるいは比較的低温の状態で物質を合成した場合には非平衡状態や準安定状態ができやすい.結晶状態でも準安定状態が存在する.特に,合金を高温(融点以下の)から急冷して低温(通常室温よりは上の温度)に保持すると,その温度の熱平衡状態に至る過程で,さまざまな準安定状態が生じる.安定相に至る過程で生成する準安定相は中間相ともよばれる.Al合金を強化するために,高温の固溶体[*4]の状態のAl合金(CuやMgを含む)を室温以下に急冷したのち,室温より少し上の温度で保持して(時効処理という)中間相を析出させる処理が実用的に行われている.アモルファス金属も,アニールの過程で,最終的な熱平衡状態に達するまでにさまざまな中間相を形成することが多い.中間相が形成されるのは,準安定相から安定相が形成する過程に大きなエネルギー障壁があるからにほかならない.たとえば,C元素の室温・大気圧のもとでの安定相はグラファイト[*5]で,ダイヤモンドは準安定相なのである.それでも,少しぐらい温度を上げてもダイヤモンドがグラファイトに変化したりはしない.それは,構造を変化させるために極めて大きなエネルギーを要するからである.したがって,

---

[*4] 固相中に複数種の原子や分子が均一に混合した状態を固溶体という.A原子からなる結晶中に,B原子がA原子位置に置き換っている場合をB原子が置換型に固溶しているといい,B原子がA原子の結晶格子の隙間に入り込んでいる場合(たとえばFe中のC)を侵入型に固溶しているという.結晶中に固溶できる限界の濃度を固溶限という.一般に,固溶限は高温ほど大きい.したがって,溶液からの析出過程と同様に,高温では固溶体の合金も,冷却過程で,ある温度で固溶限に達するとそれ以下の温度で相分離(第2相の析出)が生じることになる.

[*5] グラファイトはC原子が平面上で正6角形の網目を形成し,それがその面と垂直方向に周期的に積層した六方晶である.正6角形の網目は,4個の価電子の内の3個がsp^2の混成軌道を形成し,平面上で強固なσ結合をつくり,c軸方向には残りの1個の電子が弱いπ結合を形成することによって生成される.

程度の差こそあれ，室温に存在する結晶の多くは準安定状態にある．室温では，結晶を構成する原子が安定な位置に移動するための速度が極めて遅いため，室温における熱平衡状態に達するのに天文学的時間を要するからである．

このように，無機物はさまざまな観点から分類される．すなわち，(1)安定相か準安定相か，(2)どのような構造か，(3)どのような結合様式あるいは物性で特徴づけられるか，という分類を行うことによって，原子の凝集体としての特定の物質をかなりの程度表現することができる．

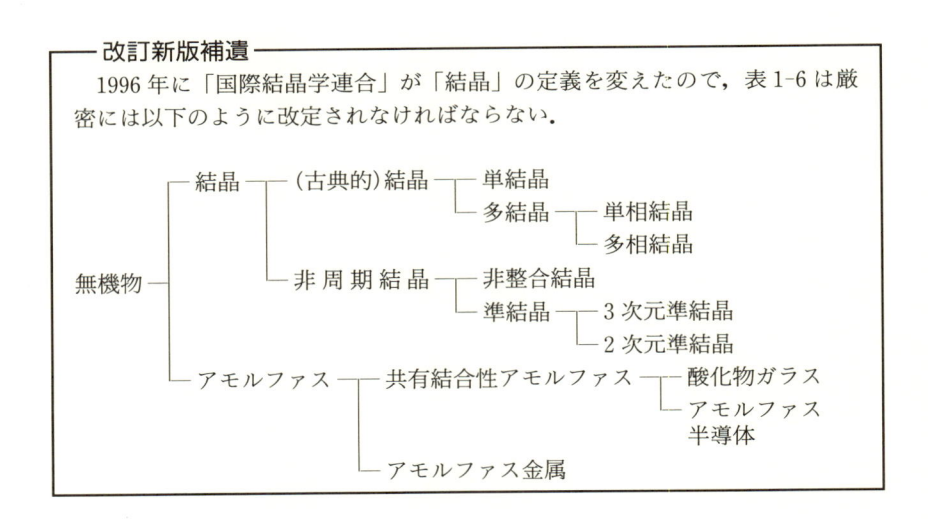

―― 改訂新版補遺 ――

1996年に「国際結晶学連合」が「結晶」の定義を変えたので，表1-6は厳密には以下のように改定されなければならない．

```
                    ┌─ (古典的)結晶 ─┬─ 単結晶
                    │                 └─ 多結晶 ─┬─ 単相結晶
          ┌─ 結晶 ─┤                              └─ 多相結晶
          │        │
無機物 ──┤        └─ 非周期結晶 ─┬─ 非整合結晶
          │                         └─ 準結晶 ─┬─ 3次元準結晶
          │                                     └─ 2次元準結晶
          │
          └─ アモルファス ─┬─ 共有結合性アモルファス ─┬─ 酸化物ガラス
                             │                            └─ アモルファス半導体
                             └─ アモルファス金属
```

第2章 固体の構造決定法

2・1 序

　後に述べるように，今日では，ハイテクノロジーの進歩のおかげで，固体の中で原子が並んでいるようすを直接目で観察できるようになった．それまでは，固体の原子構造を知る手段としては，固体に波を入射して，それが反射してくるようすから間接的に決定する方法が行われていた．実は，この方法は厳密な回折理論の裏付けのもとに，今日でも最も精度のよい結晶構造の決定法となっている．

　固体の原子構造を調べるために用いられる波の波長は，原子間隔よりもあまり長すぎても，またあまり短すぎても具合が悪い．ちょうどよい波がX線である．X線は電磁波なので，原子の中心に高い密度で存在する電子(内殻電子)の電場によって散乱される．原子が規則的に並んでいると，いろいろな場所で散乱された波が干渉を起こし，原子の配列の仕方に応じて特徴的な回折図形が得られる．その回折図形を基にして原子配列を求めるわけである．X線による回折現象は，ドイツの物理学者ラウエ(M. T. F. Laue)によって発見された．それは，20世紀に入ってからの1912年のことであり，科学の歴史の中では比較的新しい．その後，理論および実験の両面から急速に研究が進展し，X線結晶学という確固たる学問分野が成立した．近年では放射光という強力なX線源も開発され，電子計算機を用いた解析法の進歩もあって，ますます迅速かつ高精度の構造解析が可能になった．X線のほかに，電子線や中性子線も構造解析に用いられる．量子力学でよく知られて

いるように，一定の運動量をもつ電子や中性子などの粒子は，一定の波長の波としての性質も併せもつことを利用するのである．

　この章では，まず回折現象が理論的にどのように取り扱われるかを記述する．一般に，波は波長と振幅で特徴づけられるが，二つの波が並行して進むときには位相という量が重要になる．位相というのは，山あるいは谷の位置の相対的なずれを表現する量である．多くの波が同じ方向に進むときに，波の山の位置が互いにランダムにずれていると，それらの重ね合わせの結果，波が消えてしまう．それに対して，山の位置がそろっていれば互いに波が強め合う．このような波の干渉の結果，回折図形がつくられる．位相を含めて波の状態を表現するには複素関数を用いるのが便利なので，この章でも複素関数の表示を用いる．波の回折図形には，物質の原子構造の周期性と波の周期性がどのような対応関係にあるかという情報が含まれる．数学的には，その対応関係はフーリエ変換で表現される．すなわち，構造解析は回折パターンのフーリエ変換で行われる．

　2・2節では回折理論の基礎について述べ，2・3節では物質の原子配列の秩序性の違いが回折スペクトルにどのように反映されるかを説明する．2・4節では，回折による構造決定の原理とさまざまな回折法を用いることによってどのような情報が得られるかについて記述する．複素関数やフーリエ変換などになじみのない読者は，導出過程を完全に理解しなくても，散乱ベクトル，逆格子ベクトル，ブラッグ回折などの基本的な概念がどのようなものであるかを理解すれば十分である．

　はじめに述べたように，このような回折的手法とは別に，実空間の原子配列を直接観察する方法が近年急速に発展してきている．このような方法には高分解能透過電子顕微鏡法（HRTEM法：High Resolution Transmission Electron Microscopy），走査トンネル顕微鏡法（STM法：Scanning Tunneling Microscopy），電界イオン顕微鏡法（FIM法：Field Ion Microscopy）などがある．HRTEM法は透過電子顕微鏡を用いた観察法の一種であり，この方法により試料の入射電子線方向への射影構造が原子レベルの分

解能で観察できる．STM法は鋭く先のとがった探針を試料表面上で走査し，原子スケールの微小な凹凸を検出し，表面の原子配列を調べる手法である．FIM法はやはり固体表面の原子配列を調べる手法である．この方法では針状試料に高電圧をかけたとき，針先端部付近の電場強度が試料表面の原子スケールの凹凸により変化することを用いる．2・5節ではこのような原子配列の直接観察法の原理と応用を紹介する．

2・2 回折理論の基礎

図 2-1 に回折波の干渉実験の簡単な例を示す．まず小さな穴を複数個あけたついたてを用意し，図のように左から波，たとえば水面波を送りこむ．波が穴を過ぎると直進成分に加え，ついたての影になる部分に回りこむ成分が生じる．この現象を回折とよぶ．図のように穴が複数ある場合，回折波が強め合う方向と打ち消し合う方向が生じる．水面波の代わりに光を用いても同様な現象が起こり，右遠方についたてをおくと，そこに明暗の縞模様が観測

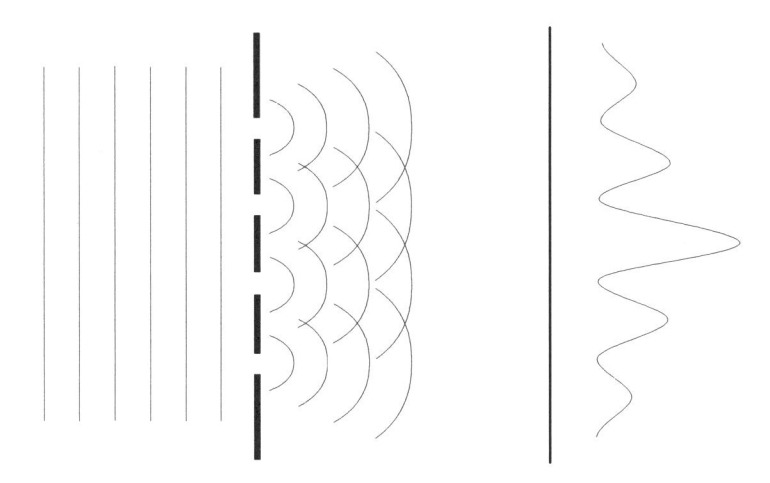

図 2-1 波の回折現象の説明．

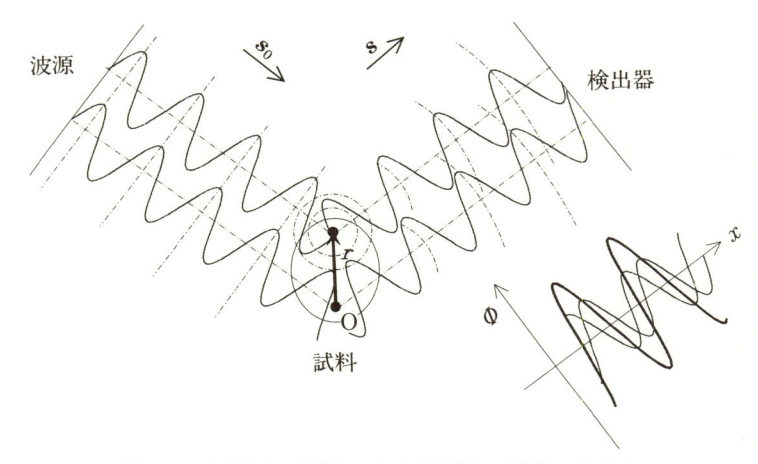

図 2-2 固体中の原子による平面波の散乱のようす．

される．このような模様を光の回折像または回折図形とよぶ．同様な回折図形は固体に電磁波であるX線，あるいは電子線，中性子線などを入射した場合にも観測される．このとき，固体中の1個1個の原子が図 2-1 のついたての小孔の役割をする．以下に，このような固体による回折現象を定式化する．

図 2-2 に，固体に入射した平面波が固体中の原子により散乱されるようすを示す．このような散乱波も通常，回折波とよばれる．ここで，各原子からの回折波の足し合わせの方向依存性を調べよう．入射方向，回折方向の単位ベクトルをそれぞれ s_0, s とし，いま s 方向遠方に検出器をおく．試料から検出器までの距離が十分大きいとき，各原子から球面波状に発生する回折波は検出器近傍でほぼ平面波と見なせ，それらの足し合わせが検出器で観測される．それら平面波は波源から検出器に至るまでの行路長さの差に対応する位相差をもつ．原点 O を通る行路と原点から位置 r にある原子を通る行路の差 Δl は図より，

$$\Delta l = \bm{r} \cdot (\bm{s} - \bm{s}_0) \tag{2-1}$$

2・2 回折理論の基礎

である．このとき位相差 $\Delta\theta$ は波長を λ として，

$$\Delta\theta = \frac{2\pi}{\lambda}\Delta l = \frac{2\pi}{\lambda}\boldsymbol{r}\cdot(\boldsymbol{s}-\boldsymbol{s}_0) = 2\pi\boldsymbol{S}\cdot\boldsymbol{r} \tag{2-2}$$

となる．ここで，

$$\boldsymbol{S} = \frac{\boldsymbol{s}-\boldsymbol{s}_0}{\lambda} \tag{2-3}$$

は散乱ベクトルとよばれ，$|\boldsymbol{S}|$ は長さの逆数の次元をもつ．v を波の速度とすると，位置 $\boldsymbol{r}$ にある原子からの回折波の位置 x および時間 t における振幅 $\varphi(x, t)$ は，

$$\varphi(x, t) = \sin\left\{\frac{2\pi}{\lambda}(x-vt) - 2\pi\boldsymbol{S}\cdot\boldsymbol{r}\right\} \tag{2-4}$$

とかける．各原子からの回折波を足し合わせると次式が得られる．

$$\Phi(x, t) = \mathrm{Im}\left\{e^{\frac{2\pi}{\lambda}i(x-vt)}\cdot\sum_j e^{-2\pi i\boldsymbol{S}\cdot\boldsymbol{r}_j}\right\} \tag{2-5}$$

ここで，$\boldsymbol{r}_j$ は j 番目の原子位置を示す．また $\mathrm{Im}\{z\}$ は複素数 z の虚数成分を示し，(2-5)式ではオイラーの定理 $e^{i\theta}=\cos\theta+i\sin\theta$ を用いた．

$$F(\boldsymbol{S}) = \sum_j e^{-2\pi i\boldsymbol{S}\cdot\boldsymbol{r}_j} \tag{2-6}$$

とおくと，複素数 $F(\boldsymbol{S})$ の絶対値は正弦波 $\Phi(x, t)$ の振幅，位相は $x=0$, $t=0$ における位相を表す．$\Phi(x, t)$ の位置 x および時間 t に対する振動は測定されず，振幅と位相の二つの量のみが意味をもつため，回折波の足し合わせは(2-6)式で表される．特に測定される回折強度 $I(\boldsymbol{S})$ は，

$$I(\boldsymbol{S}) = F(\boldsymbol{S})\cdot F^+(\boldsymbol{S}) = |F(\boldsymbol{S})|^2 \tag{2-7}$$

で与えられる．ここで添え字 + は共役複素を示す．

ここまでの議論では散乱体が原子であるとし，それが点で記述できると仮定した．実際は，たとえば X 線の場合，散乱体は電子であり，正確にはそれは原子核のまわりにある拡がりをもって連続的に分布している．このとき散乱体の位置 $\boldsymbol{r}$ における密度を $\rho(\boldsymbol{r})$ とすれば $\boldsymbol{r}$ のまわりの微小体積 $d\boldsymbol{r}$ にある散乱体 $\rho(\boldsymbol{r})d\boldsymbol{r}$ からの回折波をすべての $\boldsymbol{r}$ に対して足し合わせることで (2-6)式に対応する積分形の次式を得る．

$$F(S) = \int \rho(r) e^{-2\pi i S \cdot r} dr \tag{2-8}$$

(2-6)式は(2-8)式において $\rho(r)$ が δ 関数[*1]のセットからなる特別な場合に対応する．

　これによって任意の構造 ($\rho(r)$) に対し，任意の実験条件 (s, s_0, λ) のもとでの回折強度 $I(S)=|F(S)|^2$ を計算する式を得た．ここで注意することは，実験条件 (s, s_0, λ) がただ一つの3次元ベクトル S (2-3式)を通して回折強度の式に入ることである．回折実験とは，実験条件 (s, s_0, λ) を変化させることで，S を3次元空間内で走査して回折強度関数 $I(S)$ を測定することにほかならない．

2・3　並進秩序と回折

　本節では実空間の構造の秩序性の相違が回折強度関数 $I(S)$ にどのように反映されるかについて述べる．簡単のため図2-3に示すように仮想的な1次元の原子列を用意し，散乱ベクトル S もこの1次元直線と平行にとる．これには図のように直線に対する入射角と回折角を等しくとり，それらを固定して波長 λ を連続的に変化させるか，または λ を固定して入射角(=回折角)の方を変化させるかすればよい．

　まず図2-4(a)のように原子が一定間隔で並んでいる構造を考える．これは最も単純な結晶構造の例である．周期ベクトルを a とすれば(2-6)式は，

$$F(S) = \sum_n e^{-2\pi i n S \cdot a} \quad (n=\text{整数}) \tag{2-9}$$

[*1] δ 関数 $\delta(r)$ は，(i) $r \neq 0$ のとき $\delta(r)=0$，(ii) 積分領域が $r=0$ を含むとき $\int \delta(r) dr = 1$，をみたす関数として定義される．このとき $r=r_0$ で連続な任意の関数 $f(r)$ に対して $\int f(r) \delta(r-r_0) dr = f(r_0)$ が成り立つ．「$\rho(r)$ が δ 関数のセットからなる」とは $\rho(r) = \sum_i a_i \delta(r-r_i)$ という意味である．ここで a_i, r_i は i 番目の原子の散乱能と位置を表す．

2・3 並進秩序と回折

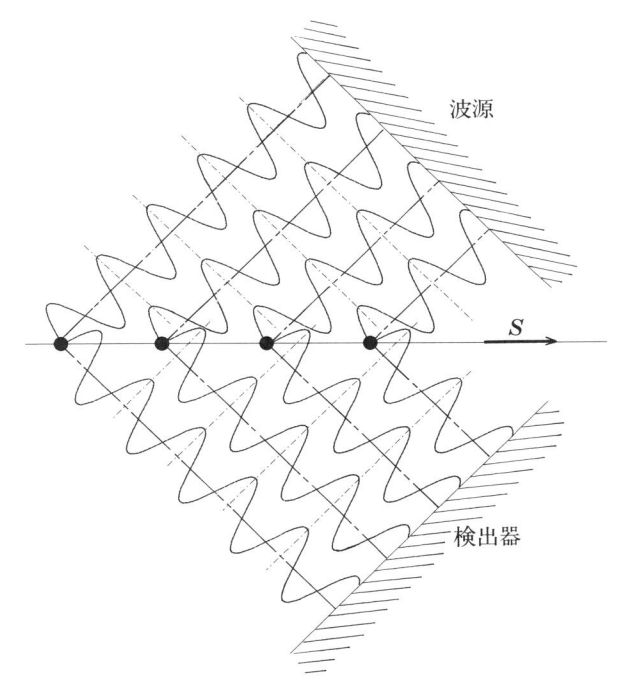

図 2-3 1 次元の原子列による波の回折.

となる.いま S を a と無関係に適当にとると(2-9)式の $\sum$ 内の各複素数は位相が異なり,したがってそれらの和は原子数 N を増やしても複素平面において原点付近にとどまり,$|F(S)|/N$ は $N\to\infty$ で 0 になる.これが 0 にならないのは各複素数の位相差が 2π の整数倍になる場合であり,このとき $|F(S)|/N$ は $N\to\infty$ で 1 となる.

この場合 S は

$$S = \frac{m}{|a|}\,e \qquad (m=\text{整数}) \tag{2-10}$$

である.ここで e は 1 次元単位ベクトルを表す.

図 2-4(a)の周期構造に対する回折強度 $I(S)$ は結局,右図のように δ 関

数のセットからなる*²．このような特定の S に対して得られる強い回折を
ブラッグ回折またはブラッグ反射とよぶ．

　次に図2-4(b)のように図2-4(a)と同じ周期ベクトル a をもつが単位胞
内(1周期分)に2個の原子をもつ構造に対して同様な計算を行ってみる．図
2-4(b)に得られる回折強度関数を示す．これを図2-4(a)と比較するとブ
ラッグ回折を与える S の集合は同じで，そのときの各 $I(S)$ の値自体が異な
ることがわかる．実際，ブラッグ回折を与える S の集合は周期ベクトル a
のみに依存し，単位胞内の構造によらない*³．

　実空間において周期的に配列した点の集合を実格子または単に格子とよ
ぶ．一般に結晶構造は格子と単位構造を与えることで定義される(3・2節，
図3-2参照)．図2-4(a)(b)の結晶構造はいずれも間隔 $|a|$ の点列からなる
格子をもち，単位構造は図2-4(a)において一つの原子，図2-4(b)におい
て二つの原子からなる．ここで，ある与えられた実格子に対し，「逆格子」
を次のように定義する．すなわち

　「すべての実格子点 R に対し，$e^{-2\pi i G \cdot R}=1$ をみたすベクトル G の集合
をその実格子に対する逆格子とよぶ．」

　この定義に従うと図2-4(a)(b)の格子の逆格子は，$\{G=na^*|n$ は整
数$\}$，ただし

$$a^* = \frac{1}{|a|} e \tag{2-11}$$

である．このような G の集合は(2-10)式をみたす散乱ベクトル S の集合と
一致することがわかる．一般に逆格子はその定義からわかるようにブラッグ
回折を与える散乱ベクトルの集合と一致する．すなわち，ブラッグ回折が生
ずる条件はここで定義した逆格子ベクトル G を用いて簡単に，

$$S = G \tag{2-12}$$

---

　*² δ 関数を厳密に図にかくことはできない．本書では δ 関数 $a\delta(r-r_0)$ を r_0
　　位置に a に比例する長さの棒をおいて表現することにする．
　*³ (2-10)式の S の一部でたまたま $I(S)=0$ となることはある．

2・3 並進秩序と回折   33

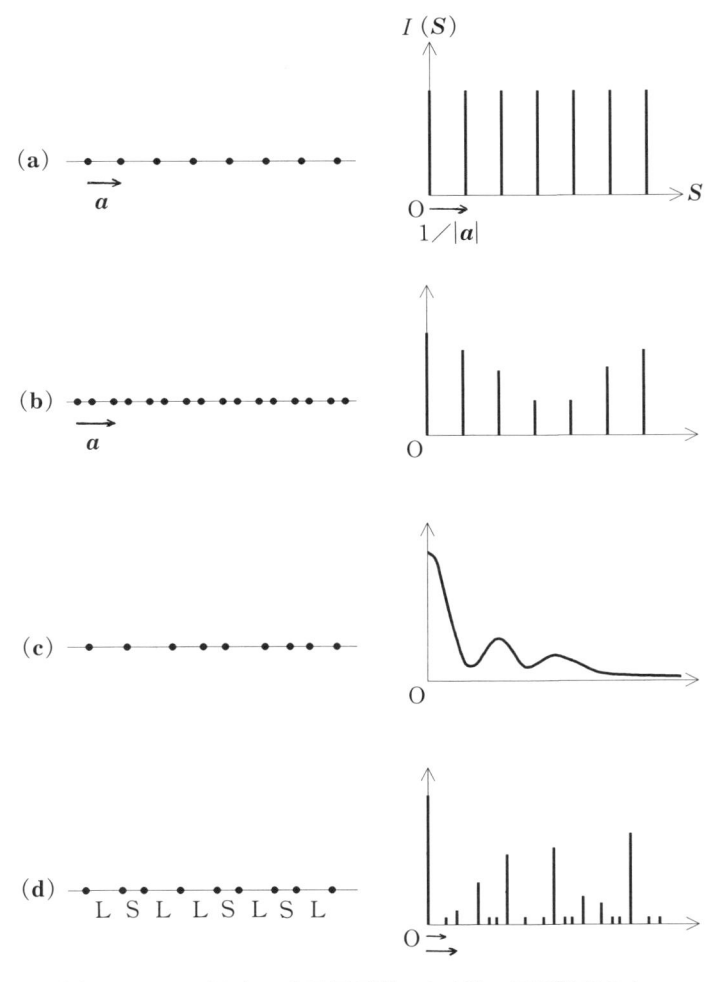

図 2-4 さまざまな1次元原子列による波の回折強度分布.

とかける．

　三つの基本ベクトル a_1, a_2, a_3 の整数線形結合の集合 $\{R = n_1 a_1 + n_2 a_2 + n_3 a_3 | n_1, n_2, n_3$ は整数$\}$ として表せる3次元実格子に対する逆格子は $\{G =$

34　第2章　固体の構造決定法

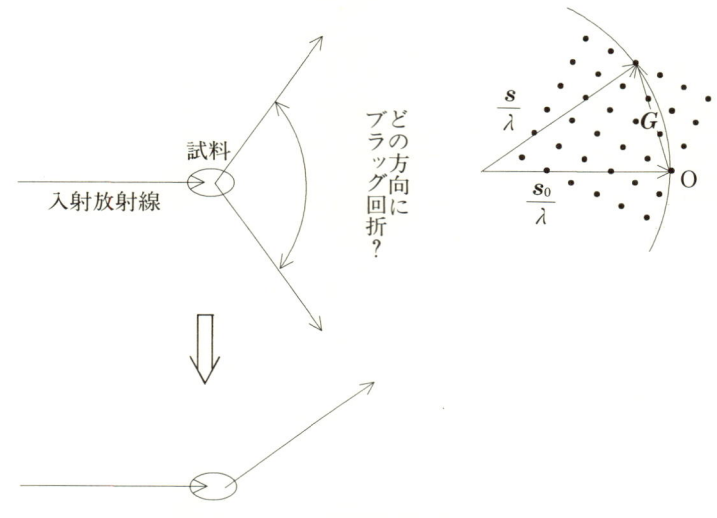

図 2-5　ブラッグ回折の方向の求め方．

$n_1 \boldsymbol{a}_1^* + n_2 \boldsymbol{a}_2^* + n_3 \boldsymbol{a}_3^* | n_1, n_2, n_3$ は整数$\}$，ただし

$$\boldsymbol{a}_1^* = \frac{\boldsymbol{a}_2 \times \boldsymbol{a}_3}{\boldsymbol{a}_1 \cdot (\boldsymbol{a}_2 \times \boldsymbol{a}_3)}, \quad \boldsymbol{a}_2^* = \frac{\boldsymbol{a}_3 \times \boldsymbol{a}_1}{\boldsymbol{a}_1 \cdot (\boldsymbol{a}_2 \times \boldsymbol{a}_3)}, \quad \boldsymbol{a}_3^* = \frac{\boldsymbol{a}_1 \times \boldsymbol{a}_2}{\boldsymbol{a}_1 \cdot (\boldsymbol{a}_2 \times \boldsymbol{a}_3)} \quad (2\text{-}13)$$

である．このことは，これらのベクトルが，

$$\boldsymbol{a}_i \cdot \boldsymbol{a}_j^* = \begin{cases} 1 & (i=j) \\ 0 & (i \neq j) \end{cases} \quad (2\text{-}14)$$

をみたすことを用いると容易に証明できる．

　ここで実際の回折実験においてよく使われるエバルトの作図法について説明しておく．いま，次のような問題を考える．

　「構造既知の結晶試料に，ある方向から波長既知の放射線を入射する．このとき入射方向と結晶方位の相対関係もわかっているものとする．このとき，どの方向にどのくらいの強度のブラッグ回折が生じるか(図 2-5)．」

　この問題の答えを得るために，まず(2-3)式と(2-12)式より $(\boldsymbol{s}-\boldsymbol{s}_0)/\lambda = \boldsymbol{G}$ を得る．与えられた問題は $\boldsymbol{s}_0, \lambda$ と $\boldsymbol{G}$ の集合が既知のときに上式を満たす

s を探せということにほかならない．これには図 2-5 に示すようにまず与えられた構造の逆格子をかき，終点が逆格子の原点に一致するようにベクトル s_0/λ をかく．つづいてこのベクトルの始点を中心として半径 $1/\lambda$ の円(3次元構造に対しては正確には球殻)をかく．円弧(球殻)が逆格子点にぶつかったら円の中心からその逆格子点に向かう方向がブラッグ回折が生ずる方向であり，その強度は(2-7)式を用いて $I(G)$ と表せる．

つづいて図 2-4(c)のような構造に対する回折強度を計算する．図 2-4(c)はアモルファスの構造を模している．ここでは原子がさまざまな間隔でランダムに配列しているとする．このランダムさのために回折波の位相が完全にそろう S は($S=0$ を除いて)存在せずブラッグ回折は起こらない．ただし，そのようなランダムな構造であっても，二つの原子が重なり合うほどに接近したり原子間隔が極端に大きくなることは物理的にありえず，この意味で，ある程度の短距離の秩序はもっている．このためにある程度回折波の位相がそろう S が存在し，$I(S)$ は図 2-4(c)のように極大値をいくつかもつ弱い連続スペクトルとなる．

図 2-4(d)に準結晶の一例としてフィボナッチ(Fibonacci)格子とよばれる構造を示す．これは長さの比が黄金比($\tau=(1+\sqrt{5})/2=1.618\cdots$)の2種類の間隔 L と S(long と short の意)が，あるルールに従って配列した構造をもつが周期性はもたない．すなわち図 2-4(a)(b)におけるような周期ベクトルが定義できない．この構造に対する回折強度関数は図 2-4(d)右図のようになる．フィボナッチ格子の性質およびその回折強度関数 $I(S)$ の導出に関しては 4・2 節で詳述するが，ここでは準結晶の回折強度関数の特徴を簡単にまとめる．準結晶の回折強度関数は，

(1) δ 関数のセットからなる．
(2) そのような δ 関数の位置の集合は有限個の基本ベクトルの整数係数線形結合で表せるが，そのとき必要な基本ベクトルの数が構造の次元の数より多い．
(3) フラクタル(自己相似)な構造をもつ．

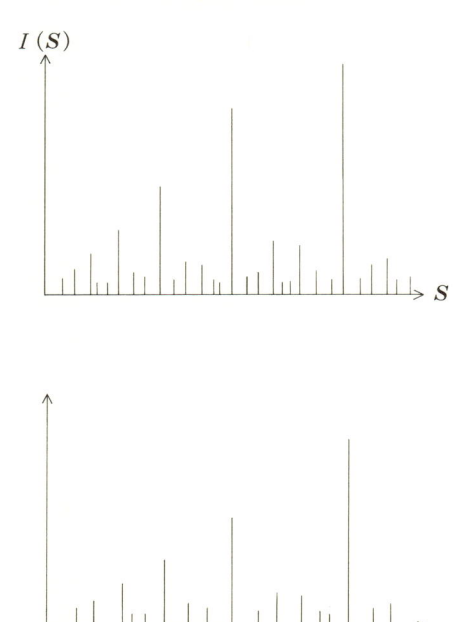

図 2-6　図2-4(d)の回折強度関数の自己相似性の説明．

(1)は準結晶が結晶と同様にある種の長距離秩序(周期性ではないが)をもつことに起因する．(2)はその長距離秩序を特徴づける性質である．前述したように周期的秩序をもつ結晶においては，そのような基本ベクトルの数は次元数と等しい．1次元においては(2-11)式に示したように1個であるし，3次元においては(2-13)式の3個である．フィボナッチ格子の場合は1次元であるにもかかわらず図2-4(d)中に示したお互いの長さの比が黄金比τである2個の基本ベクトルが必要である[*4]．このような条件を満たす構造がもつ

[*4] 長さの比が無理数であることが本質的な意味をもつ．もし有理数ならば，そのような2ベクトルは両方とも，ある一つのベクトルの整数倍になり基本ベクトルは一つで足りる．

表 2-1 結晶, 準結晶, アモルファスの構造の秩序性と回折関数.

	並進秩序	回折強度関数 $I(S)$ の性質
結晶	周期性	δ関数のセット (逆格子基本ベクトルの数) ＝(次元数)
準結晶	準周期性	δ関数のセット (逆格子基本ベクトルの数) ＞(次元数) 自己相似性
アモルファス	なし(ただし, ある程度の短距離秩序をもつ)	連続スペクトル

並進秩序を周期性と対比して準周期性とよぶ．(3)は準結晶に特有な性質である．図2-6においてフィボナッチ格子の回折強度関数の横軸スケールをτ倍に変換して元の関数と比較する．両者が類似していることがわかる．このような性質を自己相似性とよぶ．4・2節において準結晶の自己相似性についてより厳密に議論する．表2-1に結晶, 準結晶, アモルファスそれぞれのもつ並進秩序と回折関数の性質をまとめる．

2・4　回折法による構造決定

本節では, まず回折実験により得られるデータに基づいて原子配列を決定する方法の原理とその具体的な手法を説明し, つづいて実際に用いられる種々の回折法の特徴を述べる. さて2・2節で述べた回折理論の基礎は次の2式に集約される.

$$I(S) = F(S) \cdot F^+(S) = |F(S)|^2 \tag{2-7}$$

$$F(S) = \int \rho(r) e^{-2\pi i S \cdot r} dr \tag{2-8}$$

ここで, $\rho(r)$ は実空間における散乱体の密度関数, S は散乱ベクトルであ

り，$I(S)$ が回折実験で得られる回折強度関数である．与えられた問題，すなわち原子配列の決定とは，実験で得られる $I(S)$ から $\rho(r)$ を求めることにほかならない．ただし，アモルファス構造の場合は長距離並進秩序の欠如のため $I(S)$ から $\rho(r)$ を決定すること，すなわち原子1個1個の3次元座標を決定することは事実上不可能であり，アモルファス構造に対しては動径分布関数とよばれる原子間距離の分布関数の導出がなされる．

ところで，(2-8)式は関数 $\rho(r)$ から関数 $F(S)$ への変換を規定している．この形の変換は数学的にフーリエ変換とよばれる．フーリエ変換は，関数空間における線形1対1変換であり，逆変換が次式のように定義される．

$$\rho(r) = \int F(S) e^{2\pi i S \cdot r} dS \qquad (2\text{-}15)$$

つまり，関数 $F(S)$ が完全に得られると関数 $\rho(r)$ は一義的に求まる．ところが(2-7)式の関数 $F(S)$ から関数 $I(S)$ への変換は1対1変換でなく(複素数 $F(S)$ の位相の情報が落ちる)，測定から得られる $I(S)$ から $F(S)$ を一意に求めることはできない．すなわち，数学的には関数 $I(S)$ のデータのみから関数 $\rho(r)$ を一義的に求めることはできないのである．実際には，構造の密度，合金組成などや物理的に許される原子間距離などを考慮することによって，通常の結晶構造は多くの場合，物理的解を一義的に定めることができる．

測定データ $I(S)$ から実空間密度関数 $\rho(r)$ を求める概念図を図2-7に示

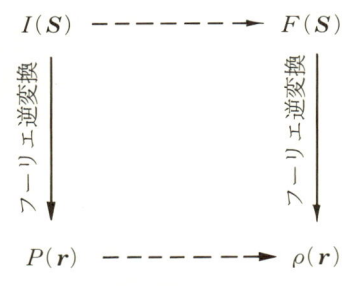

```
    I(S)  ------→  F(S)
     |               |
 フーリエ逆変換    フーリエ逆変換
     |               |
     ↓               ↓
    P(r)  ------→  ρ(r)
```

図2-7 測定データ $I(S)$ から実空間密度関数 $\rho(r)$ を求める概念図．

2・4 回折法による構造決定

す．図のように二つの経路がある．一つは測定された $I(S)$ に対して，最初になんらかの方法で位相を決めて関数 $F(S)$ をつくり，それをフーリエ逆変換して $\rho(r)$ を求める経路であり，もう一つは最初に関数 $I(S)$ を直接フーリエ逆変換してパターソン関数とよばれる関数を求め，それを使って関数 $\rho(r)$ を求める経路である．図中横方向の経路が一義的に決めることができないプロセスである．パターソン関数 $P(r)$ は，

$$P(r)=\int \rho(r')\rho(r'-r)\mathrm{d}r' \tag{2-16}$$

である[*5]．すなわち，これはベクトル r で結ばれる任意の2点の ρ の値の積を全体で積分したものであり，簡単にいうと r で結ばれる原子対がどのくらいあるかを示す量である．実際の結晶構造解析では逆格子 $\{G_i\}$ の情報から実空間単位胞が即座に決まり，残りの単位胞内の原子座標のパラメータを $I(G)$ の強度分布から決めることになる．単位胞が特別に大きな結晶以外は，決めるべき原子座標のパラメータの個数があまり多くないため，物理的に妥当な $\rho(r)$ を一意的に定めることができる．

つづいてアモルファスの構造決定の概略を示す．前述したようにアモルファスの場合は次式で定義される動径分布関数で構造を表現する．

$$D(r)=\frac{1}{4\pi}\int_{r=|r|}P(r)\mathrm{d}\omega \tag{2-17}$$

ここで，$\mathrm{d}\omega$ は微小立体角素片，積分は $r=|r|$ の球殻上で行う．すなわち関数 $D(r)$ は関数 $P(r)$ の $r=|r|$ の球殻上での平均に対応し，距離 r の原子対が方向に関係なくどのくらいあるかを示す量である．ここで関数 $I(S)$ の $s=|S|$ での球殻平均を $i(s)$ とおくと，

$$\begin{aligned}i(s)&=\frac{1}{4\pi}\int_{s=|S|}I(S)\mathrm{d}\omega \\ &=\int P(r)\frac{\sin(2\pi sr)}{2\pi sr}\mathrm{d}r\end{aligned} \tag{2-18}$$

[*5] $I(S)=F(S)\cdot F^{+}(S)$ であり，後述の積のフーリエ変換に対する"たたみこみ"公式を用いると導出できる．

$$= \int_0^\infty 4\pi r^2 D(r) \frac{\sin(2\pi sr)}{2\pi sr} dr$$

となり，フーリエ変換の一種のフーリエ正弦変換を用いて，

$$rD(r) = 2\int_0^\infty si(s)\sin(2\pi sr)ds \tag{2-19}$$

となる．この式により，測定される関数 $i(s)$ を用いて動径分布関数 $D(r)$ は一義的に定まる．

4・2 節で詳述するように一般に準結晶の構造はある高次元周期構造の 3 次元断面として記述でき，その高次元周期構造を決めることが準結晶の構造決定に対応する．これは，原理的には前述した結晶構造解析の手法をそのまま高次元の場合に拡張することでなされる．すなわち，まず測定された逆格子から高次元実格子が決まり，各逆格子点における回折強度 $I(\boldsymbol{G})$ からその格子を修飾する単位構造を決めるという具合である．しかしながら，結晶の場合の単位構造が点状の原子の集合であるのに対し，準結晶の場合の単位構造は高次元空間内に 2 次元的または 3 次元的に拡がった多角形状あるいは多面体状の原子の集合である．このような高次元空間内の原子を「超原子」とよぶ．それらの大きさ，形などを決める必要があるため決めるべきパラメータの数は，結晶の場合と比べて断然多い（原理的には無限個のパラメータが必要）．このため回折実験のみから（密度，合金組成などを考慮したとしても）準結晶の構造を一意に決めることは非常に難しく，後述する高分解能電顕法など，原子配列を直接観察する方法と併用することが重要となる．

実際に回折実験に用いられる放射線は主に X 線，電子線，中性子線の三つである．これらはそれぞれ散乱機構が異なるため得られる情報が異なる．つまり，(2-8)式の $\rho(\boldsymbol{r})$ の内容が三つの場合で異なる．いままで，ややあいまいに原子の密度を表す関数として扱ってきた $\rho(\boldsymbol{r})$ は，実際は電子密度であったり，原子核や電子がつくる静電ポテンシャルであったりする．また回折実験で測定するものは関数 $I(\boldsymbol{S})$ であるわけだが，実際は精密な構造解析を行う目的以外にも単に構造の対称性や格子定数などを求める目的で回折

実験を行うことも多く,それらの目的に対応して種々の測定法が開発されている.これらの測定法はディフラクトメータ法と写真法に大別される.前者は散乱ベクトル S を走査しながら各 S の回折強度を計数管などを用いて定量的に測定する方法であり,後者は回折線を放射線に感光するフィルムを使って2次元的にとらえる方法である.以下に各々の放射線による回折法でどのような情報が得られるか,またどのような測定法があるかについて解説する.

(1) X線回折法

X線回折法では(2-8)式の $\rho(r)$ は電子密度である.これは図2-8に示す

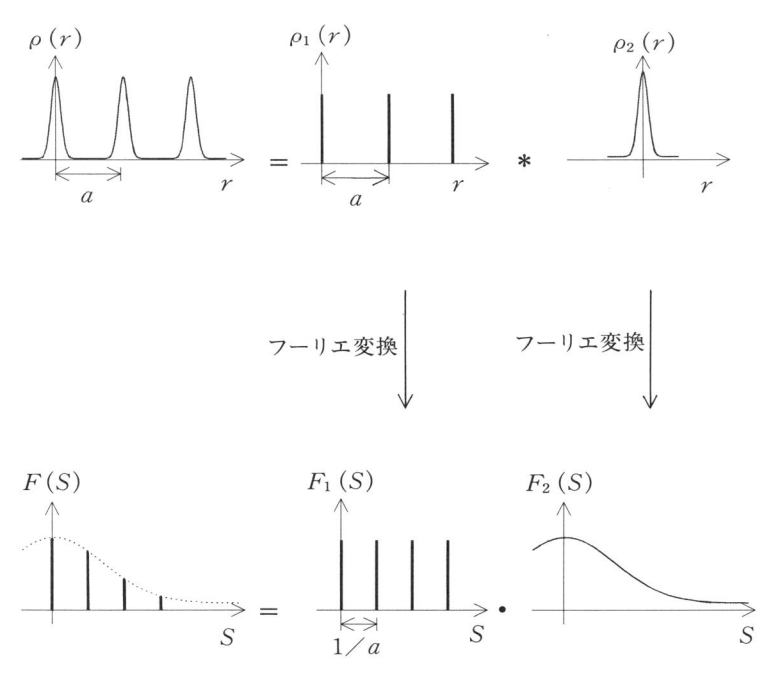

図2-8 電子密度の表現(上)とそのフーリエ変換によって得られる回折強度分布(下).

ように若干の拡がりをもってそれぞれの原子位置に局在している．また，原子1個分の $\rho(r)$ の積分値つまり1個の山の面積はその原子がもつ電子の数と一致する．ここでこのような関数 $\rho(r)$ のフーリエ変換 $F(S)$ を求めてみよう．図2-8に示すように関数 $\rho(r)$ は δ 関数のセットからなる関数 $\rho_1(r)$ と一つの原子の電子密度関数である関数 $\rho_2(r)$ を用いて，

$$\rho(r) = \int \rho_1(r')\rho_2(r-r')\mathrm{d}r' \tag{2-20}$$

で表される．このとき「関数 $\rho(r)$ は関数 $\rho_1(r)$ と関数 $\rho_2(r)$ のたたみこみ関数である」といわれ，

$$\rho(r) = \rho_1(r) * \rho_2(r) \tag{2-21}$$

と表記される．たたみこみ関数のフーリエ変換に関して次の数学定理がある．

$$\mathcal{F}[\rho_1(r) * \rho_2(r)] = \mathcal{F}[\rho_1(r)] \cdot \mathcal{F}[\rho_2(r)] \tag{2-22}$$

つまり，たたみこみ関数のフーリエ変換は，それぞれの関数のフーリエ変換の積で与えられる．なお，(2-22)式の両辺をもう一度フーリエ変換するとわかるように(一般に $\mathcal{F}[\mathcal{F}[f(r)]] = f(-r)$)，二つの関数の積関数のフーリエ変換はそれぞれの関数のフーリエ変換のたたみこみで与えられる．

さて，今の場合 $\rho_1(r)$ と $\rho_2(r)$ のフーリエ変換 $F_1(S)$ と $F_2(S)$ は図2-8のようになる．まず $F_1(S)$ は以前求めたように間隔 $1/a$ の δ 関数のセットになる．$\rho_2(r)$ をいま幅 w の規格化ガウス関数

$$\rho_2(r) = \frac{1}{w\sqrt{\pi}} e^{-\frac{r^2}{w^2}} \tag{2-23}$$

で近似できるとする．このとき，

$$F_2(r) = e^{-\pi^2 w^2 r^2} \tag{2-24}$$

となり，これは逆空間で幅 $1/(\pi w)$ のガウス関数である．ここで，たとえば $w = a/10$ とすると，(2-24)式のガウス関数は $(10/\pi) \cdot (1/a)$ の幅をもつ．実際の原子のまわりの電子分布を表す関数 $\rho_2(r)$ は正確にガウス関数ではないが，電子の拡がりの程度が w のときフーリエ変換関数 $F_2(S)$ が同様に

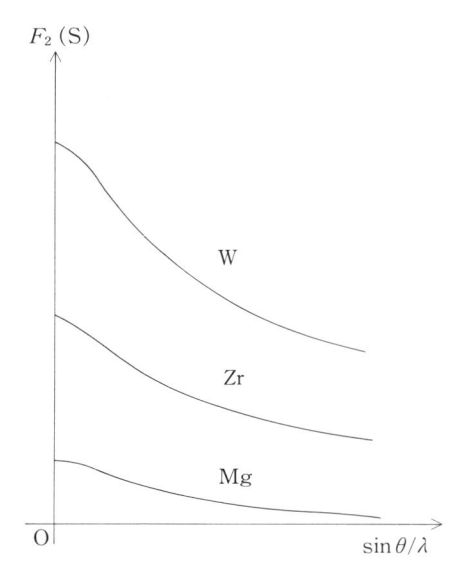

図 2-9 原子散乱因子の例．

$1/(\pi w)$ 程度の拡がりをもつ関数になることがフーリエ変換の一般的な性質から導かれる．各元素の原子に対して定義される関数 $F_2(S)$ を，原子散乱因子または原子形状因子とよぶ．いくつかの原子の原子散乱因子 $F_2(S)$ を図 2-9 に示す．このとき $F_2(0)$ は $\rho_2(r)$ の積分値すなわち原子番号に比例する．

　図 2-8 の関数 $F(S)$（回折強度関数 $I(S)$ はこれの 2 乗）を図 2-4（a）と比較すると，電子密度の拡がりに起因して S の大きいところで回折強度が減衰することがわかる．減衰を決める関数 $F_2(S)$ の幅は実空間での電子密度の拡がりに反比例する．このような S の大きいところでの回折強度の減衰は試料温度の上昇にともない，より顕著になる．なぜなら温度上昇とともに格子振動の振幅が増大し，実質的に電子密度の拡がりが増大するからである．このような回折強度の減衰の温度依存性を詳細に調べることにより固体の弾性的性質に関する情報が得られる．それは，「かたい」物質と「やわら

かい」物質では，温度上昇にともなう格子振動の振幅の増幅の仕方が異なるからである．

　X線回折法は歴史が長くさまざまな測定法が開発されている．その中で最も得られる情報量が多いのは単結晶試料を用いた特性X線(単色X線)による4軸ディフラクトメータ法である．これは試料が三つの軸で回転可能であり，計数管の1軸と併せて3次元的に任意のSが設定でき，そのときの回折強度$I(S)$の定量的な測定ができる．これは，主に精密な構造解析を行う目的で用いられる．多結晶試料，粉末試料に対しては粉末ディフラクトメータ法が用いられる(図2-10(a))．この方法では計数管を1軸で回転してSを走査する．試料が多結晶または粉末であるため試料を回転する必要はないが，通常，常に試料面に対する入射角と散乱角が等しくなるように試料面を計数管の回転速度の1/2の速度で回転する．ここで多結晶または粉末試料に単色X線を入射したとき，どの方向にブラッグ回折波が生じるかを図2-5で説明したエバルトの作図法を用いて考察しよう．図2-10(b)に試料中のある一つの結晶粒に対してつくったエバルト図を示す．この図では，円弧上に逆格子点がのっていないのでブラッグ回折波は生じない．ところが，いまの場合は非常にたくさんの結晶粒がでたらめな方位を向いていると考えられるので，それらの逆格子を全部重ねてかくと図2-10(c)のように種々の半径の同心円弧(実は3次元的には同心球殻)の集まりとなる．これらの同心球殻は入射ベクトルからつくったエバルト球と交わり，円錐状にブラッグ回折波が生ずる．それらのブラッグ回折波を図2-10(a)のように計数管を回転させることで測定するわけである．

　この方法は図2-10(c)からわかるように，逆空間の3次元的情報を1次元的に平均化した情報が得られるわけだが，後述するラウエ法などと併用したり，各々のブラッグ回折が生じる$s=|S|$の比が結晶系によってある程度決まっていることを用いたりして，逆空間の3次元的情報すなわち3次元のSに対する関数$I(S)$を構築することができる．したがって，原理的にはこの方法で得られたデータを用いて構造解析を行うことは可能である．しかし

2・4 回折法による構造決定　　　　　　　　　45

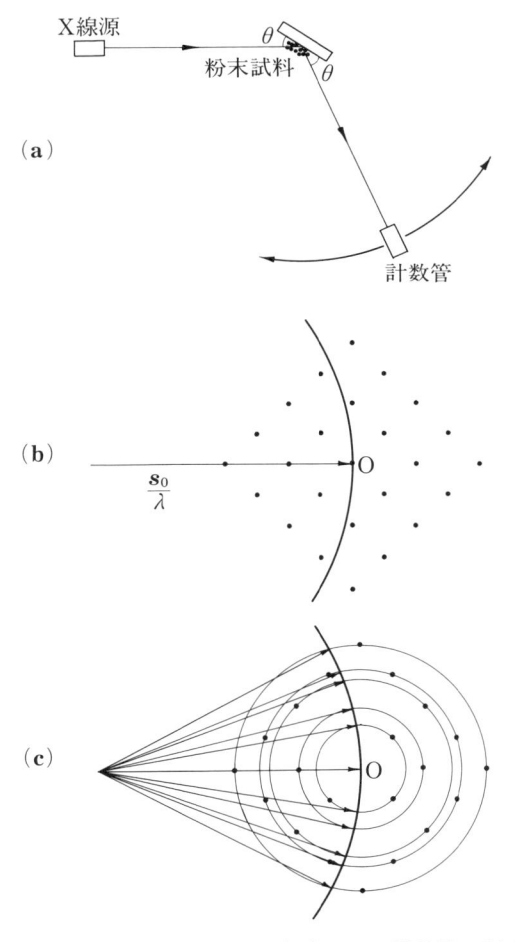

図 2-10 （a）粉末ディフラクトメータ法．（b）一つの結晶粒に対するエバルト図．（c）ランダムな方位をもつ多数の結晶粒によって生じる多数のブラッグ回折．

ながら，前述の単結晶を用いた4軸ディフラクトメータ法と比べて得られる回折強度が断然弱いため強度測定の精度が悪く(計数管の方向にブラッグ回

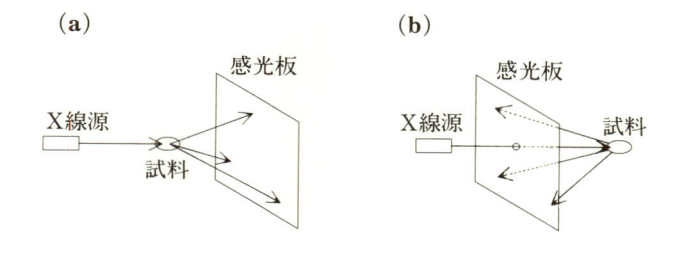

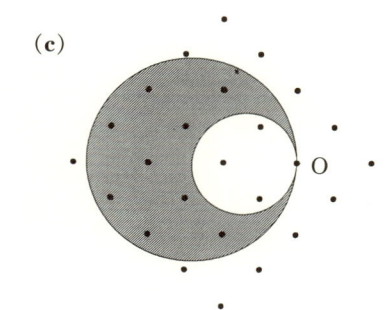

図 2-11 （a）透過ラウエ法．（b）反射ラウエ法．（c）連続 X 線に対するエバルト作図．

折波を生じるような結晶粒が試料全体のごく一部分であることに注意），精密な構造解析は行えない．この方法は主に試料中に含まれる固相の同定，格子定数の測定などに用いられる．

　X 線を用いた写真法の一つにラウエ法がある．これは単結晶試料用の測定法のうちで最も単純なものである．これには透過法と反射法があり，図 2-11（a）（b）に示す配置でブラッグ回折をフィルム上に記録する．この方法で特徴的なことは連続 X 線（白色 X 線ともよび，連続的に分布した波長成分を含む X 線）を用いることである．これは図 2-11（c）に示すようにエバルトの作図においてエバルト球の半径に分布があることを意味する．したがっ

て特に試料を回転させなくても常に多くのブラッグ回折を得ることができるのである．この方法では回折強度の定量的な測定ができないため構造解析には適さず，主に単結晶試料の結晶学的方位を見いだす用途に用いられる．

(2) 電子回折法

電子回折法では(2-8)式の $\rho(r)$ は電子が感じるポテンシャル場である．これはやはり原子位置付近のある有限領域で大きな値をもち，その1原子分の積分値は原子番号の大きい原子ほど大きい．したがって各原子に対する原子形状因子は S 依存性，原子番号依存性ともにX線の場合と大体同様な関数となる．

電子回折装置は通常，透過電子顕微鏡に組み込まれており，モードの切り替えにより同一試料の同一箇所に対して電子顕微鏡観察と電子回折測定が同時に行える．電子回折法では図2-11(a)に示したラウエ法の透過法と同様な配置でブラッグ回折をフィルム上に記録する．ただし，ラウエ法と異なり単一波長の電子波を用いる．電子波の波長は0.01Å程度でありX線の波長が1Å程度であるのに比べてはるかに小さい．したがってエバルト球の半径は非常に大きく球殻がほとんど平面で近似できる．このことが電子回折法のきわだった特徴であり，試料を回転しつつ2次元の電子回折図形を順次調べることにより，その結晶の逆格子の3次元構造を容易に構築することができる．電子回折法は回折点をフィルム上に記録する方法であるために回折強度測定の定量性は一般にあまりよくないが，回折点をイメージング・プレートなどに記録する方法が普及しつつあり，これを用いると回折強度測定の定量性は格段に向上する．最近ではこのような方法で電子回折法を精密な構造解析の用途に用いる試みがなされている．また電子ビーム径は通常 0.1 μm 程度にしぼることができ，電子顕微鏡観察との併用で試料の局所的な解析ができることも電子回折法の大きな特徴である．ただし，電子線を透過させる必要から薄膜試料が要求され，一般に試料準備にやや手間がかかることが欠点である．

(3) 中性子回折法

原子による中性子の散乱には二つの機構が存在する．一つは原子核による散乱(核散乱)であり，もう一つは外殻不対電子のもつ磁気モーメントによる散乱(磁気散乱)である．まず核散乱について説明する．この場合，X線回折や電子回折の場合のように(2-8)式の $\rho(r)$ の実体が何であるかを明確にいうことができないが，原子1個当たりの $\rho(r)$ のフーリエ変換すなわち原子散乱因子は理論的および実験的に精度よく求められており，これはX線回折および電子回折における原子散乱因子と対比して次のような特徴をもっている．

(i) ほとんど $|S|$ に依存しない．

(ii) 値は原子番号と相関をもたず，いくつかの元素に対しては負である．

(iii) 同位元素によって値が異なる．

(i)は原子核の空間的な拡がりが電子密度やポテンシャル場の拡がりに比べて極めて小さいことを反映している(本節(1)参照)．(ii)により中性子回折法がX線回折法や電子回折法と相互補助的な情報を与えることがわかる．すなわちX線や電子線に対して原子散乱因子の小さい軽元素でも中性子に対して大きな原子散乱因子を有する場合があり，そのような原子の位置決定に中性子回折法が有効となる．また，同様な理由で隣接した原子番号をもつ2元合金の構造解析についても威力を発揮する．

中性子回折のもう一つの特徴は，磁気散乱をとおして物質の磁気構造が調べられる点である．これはX線回折法，電子回折法では困難である．これにより，同一結晶構造の強磁性体と反強磁性体を区別することができる．たとえば体心立方構造の立方体単位胞体心位置の原子と頂点位置の原子の磁気モーメントが反平行であるような反強磁性体においては，それら向きの異なる磁気モーメントが磁気散乱で区別され，同構造の強磁性体(2種の位置の原子の磁気モーメントが平行)に現れない回折ピークが生じる．中性子回折における原子散乱能はX線回折，電子回折の場合に比べて格別に小さく，測定に多量の試料が必要なことが本手法の欠点である．

2・5　原子配列直接観察法

　前節まで回折法による固体の原子配列決定の原理と応用について述べてきた．前節冒頭で述べたように，回折法によって直接得られる情報は，最終的に求めたい実空間原子密度関数のフーリエ変換関数の絶対値成分であり，位相の情報が得られない．このことから準結晶などの複雑な構造の決定には測定の定量性がいくらあがっても原理的限界がある．そのためこのような複雑な構造の決定には実空間の原子配列を直接観察する方法を併用することが重要となる．また試料中に局在する欠陥などの情報はフーリエ空間にはほとんど反映されず，したがって回折法はこのような欠陥の研究に不向きであり，実空間を直接観察する方法が威力を発揮する．このような方法の中から本節では高分解能透過電子顕微鏡法，走査トンネル顕微鏡法，電界イオン顕微鏡法の三つについて原理と応用を概説する．

(1) 高分解能透過電子顕微鏡法(High Resolution Transmission Electron Microscopy)

　この方法(以下HRTEM法)は透過電子顕微鏡を用いた観察法の一つであり，1956年Menterが白金フタロシアニンの格子縞を観察したことに端を発する．図2-12に透過電子顕微鏡を用いた通常の観察法とHRTEM法の結像光路の概念図を示す．まず結晶性物質にその対称軸から電子線を入射した場合を考える(図2-12(a))．このとき，電子線の波長が極めて短いこと，逆格子空間において対称軸垂直面に多くの逆格子点が存在することから，多くの回折波が生じることがわかる(前節参照)．レンズがない場合試料後方無限遠方でできる回折図形が，レンズの作用で図に示す後方焦平面上に形成される．さらに後方の像面上に拡大像が形成される．一般にレンズによるこのような像形成過程は数学的に「元の図形のフーリエ変換がいったん後方焦平面につくられ，さらにそのフーリエ変換すなわち元の図形の像が(反転拡大されて)像平面に形成される」と表現できる．原理的には絞りを用いず，なるべくたくさんの回折波を取り入れる方が分解能が向上するわけだが，後述

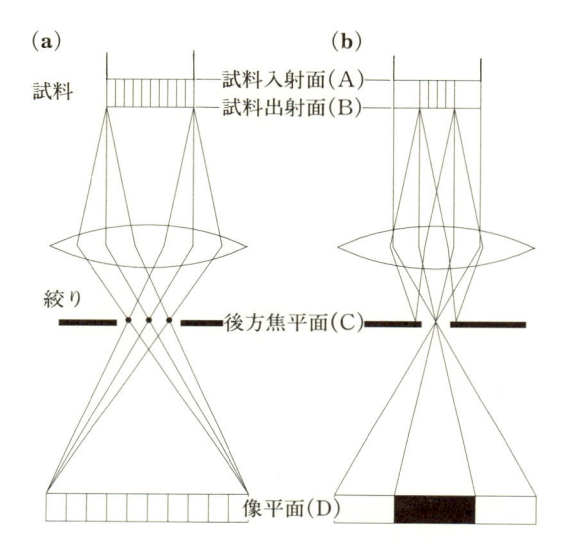

図 2-12 透過電子顕微鏡における結像光路の概念図．
(a)高分解能観察法，(b)通常の観察法．

する理由で HRTEM 法においては図 2-12(a)に示すような有限の大きさの絞りを用いなければならない．分解能は主にこの絞りの大きさで決まり，許されうる最大の絞りの大きさは電子波の波長，レンズの収差などから決まる．現在の高性能の電子顕微鏡で分解能は約 1Å に達しており，これは金属結晶の最小原子間距離(約 3Å)より小さい．

　これに対して，図 2-12(b)に示すように，通常の観察法では中心波のみを通す絞りを用いる．この図では試料中央部分がブラッグ条件を満たし，両脇の部分がブラッグ条件をみたしていない．このとき中央部分からは多くの回折波が生じ，相対的に中心波の強度が下がるためこの領域に対応する像強度はそれ以外の部分の像強度に比べて低くなり，その領域が暗く見えることになる．このような像を明視野像とよぶ．また，絞りの位置を少しずらすかあるいは電子線を少し傾けることによって，回折波のみが絞りを通過するようにした場合，図 2-12(b)の像の黒と白が逆になったような像が得られる．

これを暗視野像とよぶ．このような機構で，結晶方位が異なる個々の結晶粒（3・4節参照）はその回折条件の違いからコントラストを生じるわけである．このように回折条件の違いで生じるコントラストを回折コントラストとよぶ．回折コントラストによる像は，前述したレンズ本来の像形成機能を使っておらず，個々の原子位置に関する情報は得られない．

HRTEM法による像形成の詳細を知るには，図2-12に示したような幾何光学的見方ではなく，波動光学的な取り扱いをすることが必要となる．以下，図2-12(a)に示した各位置での波動場の変化を順に追って見ていく．まず電子線は平面波の形で試料に入射するので，試料入射面での波動場 $\varphi_A(\boldsymbol{x})$ は位置によらず，

$$\varphi_A(\boldsymbol{x})=1 \tag{2-25}$$

とかける[*6]．ここで $\boldsymbol{x}$ は光軸垂直面内の位置ベクトルを表す．この入射電子線は試料中で物質と相互作用し，試料出射面での波動場 $\varphi_B(\boldsymbol{x})$ は試料位置に依存してその位相が変化するようになる．試料が十分薄いとき，これは，

$$\varphi_B(\boldsymbol{x})=e^{iaV(\boldsymbol{x})} \tag{2-26}$$

と近似できる．ここで，a はある定数であり，$V(\boldsymbol{x})$ は位置 $\boldsymbol{x}$ におけるポテンシャル場 V の厚さ方向の積分である．これは一般に厚さ方向に連なった原子列が存在する位置で大きく，それらの原子列の間の位置で小さい．(2-26)式は，物質中の電子波の波数が真空における値からポテンシャル強度に比例して変化し，試料入射面から出射面までの電子波の位相変化が場所によって異なることを反映している．このとき複素数 $\varphi_B(\boldsymbol{x})$ の絶対値は位置によらず一定で，位相のみ位置に依存するのでこの近似が成り立つ試料を位相物体とよぶ．いま(2-26)式を次のように書き直す．

$$\varphi_B(\boldsymbol{x})=\langle\varphi_B\rangle+\Delta\varphi_B(\boldsymbol{x}) \tag{2-27}$$

[*6] 正確には，時間に依存する因子 $e^{i\omega t}$（ω は電子波の角振動数）がかかるが以下の議論に不必要なのでこれを省く．以下の式でも常にこの因子がかかる．

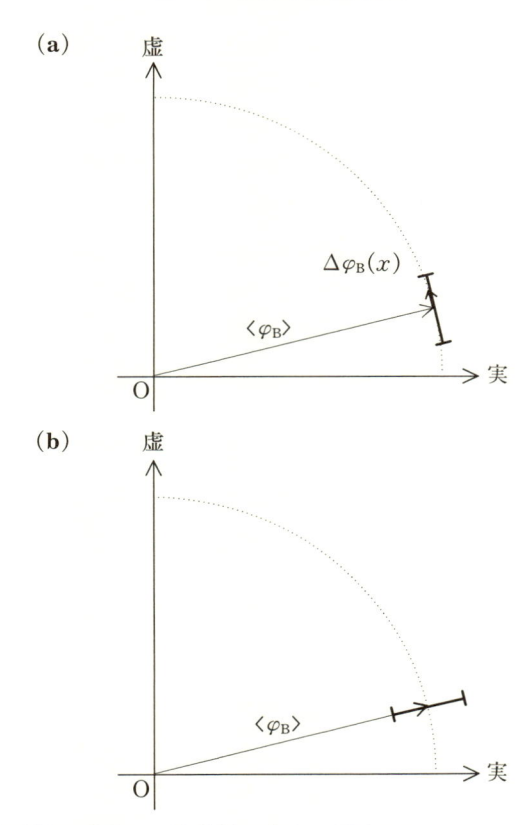

図 2-13 （a）試料を透過した波動場の分布．（b）Scherzer focus 条件での波動場の分布．

ここで，$\langle \varphi_B \rangle$ は $\varphi_B(x)$ の平均を表し，$\Delta \varphi_B(x)$ は平均からの差を示す．図 2-13（a）に $\varphi_B(x)$ の分布領域を複素平面上に示す．一般に，$\Delta \varphi_B(x) \ll 1$ であり，任意の $\varphi_B(x)$ に対して複素平面上で $\langle \varphi_B \rangle \perp \Delta \varphi_B(x)$ がほぼ成り立つ．

理想レンズの場合，後方焦平面上での波動場は，(2-27)式のフーリエ変換で与えられる．すなわち，

$$\varphi_C^0(u) = \mathcal{F}[\varphi_B(x)]$$

2・5 原子配列直接観察法

$$=\langle\varphi_\mathrm{B}\rangle\delta(\boldsymbol{u})+\mathcal{F}[\Delta\varphi_\mathrm{B}(\boldsymbol{x})] \tag{2-28}$$

ここで $\boldsymbol{u}$ は逆格子空間位置ベクトルで，$\boldsymbol{u}=\boldsymbol{x}/(f\lambda)$ (f；焦点距離，λ；電子波の波長)．(2-28)式の第1項は $\boldsymbol{u}\neq\boldsymbol{0}$ で0であり，第2項は逆に $\boldsymbol{u}=\boldsymbol{0}$ で0である．すなわち第1項が中心波，第2項が散乱波に対応する．ここで次の点が重要である．理想レンズの場合には，像平面上の波動場は倍率を無視すると(2-28)式のフーリエ変換となり，これは像の反転を無視すると関数 $\varphi_\mathrm{B}(\boldsymbol{x})$ そのものである．このときこの関数の絶対値の2乗で与えられるコントラストは位置によらず一定である．すなわち，位相物体を理想レンズで理想的な条件で観察すると全くコントラストがつかないことになる．しかし，実際のレンズは収差をもち電子波の位相が $u=|\boldsymbol{u}|$ に依存して変化する．またこの位相の変わり方はdefocus量(レンズの焦点のずれの量)によっても変わる．このような位相変化 $\chi(u)$ は，

$$\chi(u)=\pi\varepsilon\lambda u^2+\frac{1}{2}\pi C_\mathrm{S}\lambda^3 u^4 \tag{2-29}$$

とかける．ここで ε は defocus 量，C_S は収差係数である．結局，後方焦平面上での波動場 $\varphi_\mathrm{C}(\boldsymbol{u})$ は，

$$\varphi_\mathrm{C}(\boldsymbol{u})=\varphi_\mathrm{C}^0(\boldsymbol{u})\cdot e^{i\chi(u)} \tag{2-30}$$

となる．ここで便宜的に，

$$\chi(u)=\chi^0(u)=\begin{cases} 0 & (u=0) \\ \dfrac{\pi}{2} & (u\neq 0) \end{cases} \tag{2-31}$$

とおいてみよう．図2-14にこの場合の関数 $\sin\chi(u)$ を点線で示す．このとき，後方焦平面での波動場は，

$$\begin{aligned}\varphi_\mathrm{C}(\boldsymbol{u})&=\langle\varphi_\mathrm{B}\rangle\delta(\boldsymbol{u})+e^{i\frac{\pi}{2}}\cdot\mathcal{F}[\Delta\varphi_\mathrm{B}(\boldsymbol{x})]\\ &=\langle\varphi_\mathrm{B}\rangle\delta(\boldsymbol{u})+\mathcal{F}[e^{i\frac{\pi}{2}}\cdot\Delta\varphi_\mathrm{B}(\boldsymbol{x})]\end{aligned} \tag{2-32}$$

となり，像面上の波動場 $\varphi_\mathrm{D}(\boldsymbol{x})$ は，倍率と像の反転を無視して，

$$\varphi_\mathrm{D}(\boldsymbol{x})=\langle\varphi_\mathrm{B}\rangle+e^{i\frac{\pi}{2}}\cdot\Delta\varphi_\mathrm{B}(\boldsymbol{x}) \tag{2-33}$$

となる．結局，$\chi(u)$ が(2-31)式で与えられるとき，すなわち $\sin\chi(u)$ (位

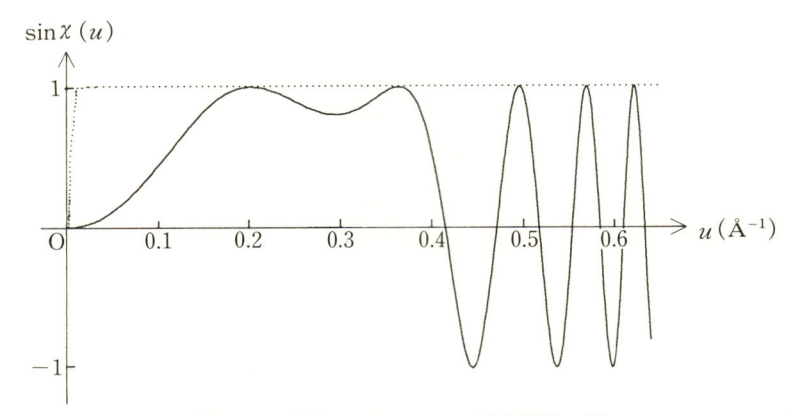

図 2-14 位相コントラスト伝達関数の例.

相コントラスト伝達関数とよばれる)が図 2-14 の点線のようになるときには，図 2-13(b)に示すように，(2-27)式の第2項すなわち散乱波を与える成分を複素平面上で 90° 回した関数が像として得られる．すなわち，位相の変化が振幅の変化として観察されることになり，投影ポテンシャル $V(\boldsymbol{x})$ の位置 $\boldsymbol{x}$ による違いが像コントラストにそのまま反映される．

実際の電子顕微鏡では C_S は装置ごとに決まっているため，defocus 量 ε を調節してできるだけ位相コントラスト伝達関数 $\sin\chi(u)$ が図 2-14 の点線に近い形になるようにして観察を行えばよい．図 2-14 中，実線で $\lambda=0.025$ Å, $C_S=1.2$ mm, $\varepsilon=650$ Å，の場合の $\sin\chi(u)$ を示す．$u=0.18\sim 0.4$ Å^{-1} の範囲で大体 $\sin\chi=1$ となっているが，それ以上では値が激しく振動していることがわかる．最も広い範囲で $\sin\chi\fallingdotseq 1$ となるような最適な defocus の条件を Scherzer focus とよぶ．高い u の領域での振動成分を取り入れると，投影ポテンシャル $V(\boldsymbol{x})$，つまり投影された原子配列を反映した像が得られなくなるため，これをカットするように絞りの大きさを調節する．いま絞りの半径を u_0 とし，絞りの関数 $A(\boldsymbol{u})$ を

$$A(\boldsymbol{u})=\begin{cases} 1 & (|\boldsymbol{u}|\leq u_0) \\ 0 & (|\boldsymbol{u}|>u_0) \end{cases} \qquad (2\text{-}34)$$

と定義すると，後方焦平面上の波動場は $\varphi_C(\boldsymbol{u})\cdot A(\boldsymbol{u})$ で与えられ，像平面上の波動場 $\varphi_D(\boldsymbol{x})$ は大体次式のようになる．

$$\varphi_D(\boldsymbol{x}) = \{\langle\varphi_B\rangle + e^{i\frac{\pi}{2}}\cdot\Delta\varphi_B(\boldsymbol{x})\} * \mathcal{F}[A(\boldsymbol{u})] \tag{2-35}$$

ここで積関数のフーリエ変換がそれぞれの関数のフーリエ変換のたたみこみとなることを使った．$\mathcal{F}[A(\boldsymbol{u})]$ は $1/(\pi u_0)$ 程度の拡がりをもった関数であり(2・4節(2-23), (2-24)式参照)，(2-35)式は(2-33)式で与えられる像に $1/(\pi u_0)$ 程度のぼ̇け̇を導入したものに対応し，これが主に像の分解能を決める[*7]．u_0 の値，すなわち $\sin\chi \fallingdotseq 1$ が成り立つ u の最大値は電子線の波長 λ，収差係数 C_s に依存し，結局これらが個々の電子顕微鏡の分解能を決定する．

　以上の議論は試料が十分薄く位相物体として近似できることを前提としているが，実際は観察部分の試料厚さを正確に測定する方法は存在せず，位相物体近似が成り立っていない場合も多いと思われる．このような場合，試料内での電子波の動力学的散乱のために試料出射面での波動場は，もはや投影ポテンシャルを反映したものとならない．このような動力学的散乱の効果を取り入れた波動場の計算法として，試料を数Åごとに厚さ方向に分割し，逐次波動場を計算していくマルチ-スライス法とよばれる方法がある．実際の観察では種々の試料厚さ，種々の defocus 量で得た像を，仮定した構造モデルに対して計算される像と比較することで像の解釈が行われる．

[*7] たとえば，$f(x)=g(x)*h(x)$ とおき，$h(x)$ が $x=0$ のまわりで $1/(\pi u_0)$ 程度の拡がりをもつ関数であるとする．いま，$g(x)=\delta(x-a/2)+\delta(x+a/2)$，つまり $x=\pm a/2$ に δ 関数をもつ関数とすると，$f(x)=h(x-a/2)+h(x+a/2)$ となる．これは，$1/(\pi u_0) \ll a$ のとき右辺の二つの関数ははっきり分かれて見えるが，$1/(\pi u_0)$ が a 程度より大きくなると二つの関数は大きくオーバーラップして区別できなくなる．したがって，$f(x)$ は関数 $g(x)$ に $1/(\pi u_0)$ 程度のぼけを導入したものであるといえ，この $1/(\pi u_0)$ が 2 点を 2 点として分解できる最小距離すなわち分解能を与える．

(2) 走査トンネル顕微鏡法(Scanning Tunneling Microscopy)

走査トンネル顕微鏡(STM)は1982年にBinningとRohrerによって開発された．STMの原理図を図2-15に示す．鋭くとがった探針を試料表面に数Åの距離に近づけ，探針-試料間にバイアス電圧Vをかけると，それが仕事関数ϕより十分小さい場合でも探針，試料双方からの電子波動関数の"しみだし"により電流が流れる．このような電流をトンネル電流とよぶ．フィードバック制御でこのトンネル電流が一定になるようにzピエゾ素子に電圧を印加してz位置を制御しながら探針をx, yピエゾ素子により試料表面上で走査する．このときzピエゾ素子の印加電圧の変化がそのまま表面の原子レベルの凹凸の情報を与える．トンネル電流Jは，自由電子を仮定すると，

$$J \propto e^{-2\frac{s}{\lambda}} \tag{2-36}$$

とかける．ここでsは探針-試料間距離，λは$\lambda = (h/2\pi)(2m\phi)^{-1/2}$で試料の電子波動関数の減衰距離であり，表面からのしみだしの程度を表す量であ

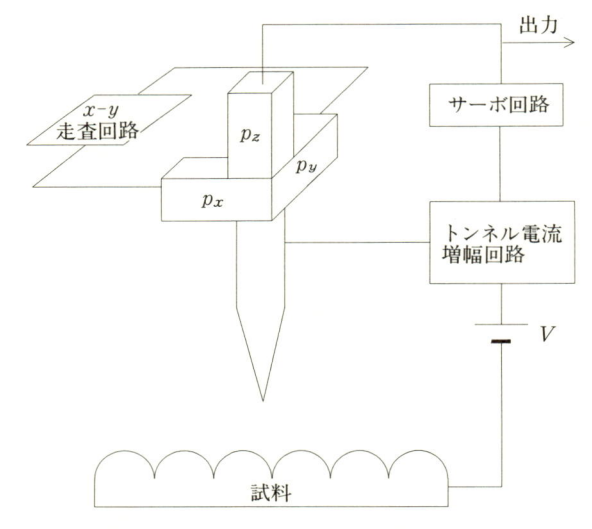

図 2-15 走査トンネル顕微鏡の原理図．

る．ここでhはプランク定数，ϕは仕事関数，mは電子質量である．通常，$\phi=1 \sim 5\,\mathrm{eV}$ であるため，λ は $1 \sim 2\,\text{Å}$ であり，トンネル電流 J が探針-試料間距離 s のこの程度の原子スケールの長さの変化に対して1桁近く変化し，z 軸方向の分解能は $0.1 \sim 0.01\,\text{Å}$ に達する．x-y 方向の分解能は主に探針の先端の鋭さによって決まる．TersoffとHamannの理論によると探針の曲率半径を R とすると x-y 分解能 δ_{xy} は

$$\delta_{xy} \simeq \sqrt{\lambda(R+s)} \tag{2-37}$$

で与えられる．λ を $1\,\text{Å}$ とすると $\delta_{xy} \sim 3\,\text{Å}$ 程度の分解能を得るためには $(R+s) \sim 10\,\text{Å}$ が必要であり，探針の先端は原子 $1 \sim 2$ 個からなっていることが要求される．このような鋭い先端を実現し，維持することが高分解能の像を安定して得る上で最も重要である．

BinningとRohrerはSTMを用いた最初の研究でSi(111)面の原子の再構成構造を観察した．一般に個々の原子のまわりの環境は試料内部と表面では大きく異なるため，表面での安定な原子配列は試料内部における配列と異なったものになりうる．これを原子の表面再構成とよぶ．Si表面での再構成構造は長い間表面物理の分野で論争の的であったが，彼らの観察により，その構造が明確に示された．その後，種々の半導体および金属の再構成構造の観察，表面吸着原子の観察など多くの研究にSTMが用いられている．また，探針と試料の間が絶縁性でさえあればトンネル現象が起きるので，大気中，水中などの環境でもSTM観察が原理的には可能であり，実際にいくつかの観察例がある．大気中の観察は原子スケールでの表面の凹凸を問題とする摩擦学などへの応用が見込まれ，水中での観察は湿った生体などの観察，溶液中での化学反応過程の原子スケールの観察などへの応用が期待される．

さらにSTMから派生した局所電子状態に関する情報を得る走査トンネル分光法(STS：Scanning Tunneling Spectroscopy)，トンネル電流を流さない絶縁物の観察が可能な原子間力顕微鏡(AFM：Atomic Force Microscopy)，磁性体探針を用いて表面磁気構造を観察する磁気力顕微鏡(MFM：Magnetic Force Microscopy)などが開発され，新たな研究分野を形成して

いる.

(3) 電界イオン顕微鏡法 (Field Ion Microscopy)

電界イオン顕微鏡 (FIM) は 1951 年 Müller によって発明された. 図 2-16 に FIM の概念図を示す. 試料は先端を鋭い針状に加工して用い, それに 10^4 V 程度の正の電圧を印加する. このとき曲率半径が $10^2 \sim 10^3$ Å 程度の試料先端部には数 V Å^{-1} 程度の高電場が発生する. ここに 10^{-3} Torr 程度の希ガス, たとえば He ガスを導入すると針先端部表面近傍の高電場で He 原子がイオン化され, 放射状に伸びる電気力線に沿って加速され, 蛍光面に衝突して輝点をつくる. 蛍光面上のある 1 点に到達する希ガスイオンは動径方向に伸びる電気力線の他端でイオン化されたものである. なぜならばイオンは試料先端部から蛍光面までほぼ電気力線に沿って走るからである. したがって試料先端部での場所によるイオン化率の違いが, 蛍光面上での明るさの違いとなって観察されることになる. 希ガスイオン化率は電場が高いほど, すなわち表面の曲率半径が小さいほど大きい. これにより, もし分解能が十分

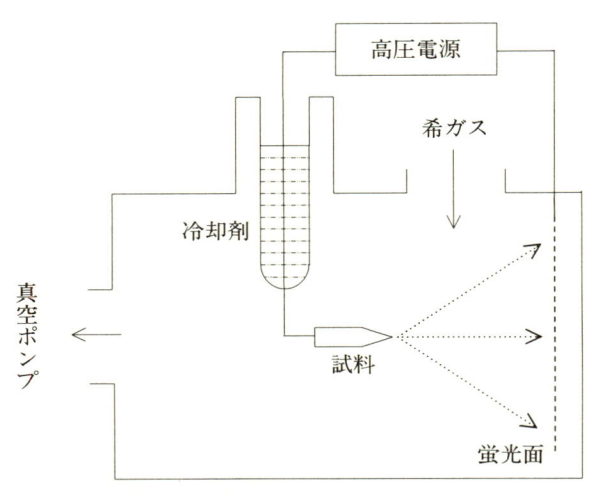

図 2-16 電界イオン顕微鏡の概念図.

あれば，針の先端の原子一つ一つによる突起が見えることになる．このときの分解能は，主にイオン化する前の希ガスの運動速度の針先端の接線方向成分によって決まる．この速度を減少させるために針の温度を液体窒素などで下げると，分解能は約2Åに達し，個々の原子位置に対応して蛍光面上に輝点が得られることになる．

以上のように FIM は驚くほど簡単なしかけで原子を見ることを可能にしたすぐれた顕微鏡であるが，試料形状に大きな制約があるという欠点がある．つまり，試料は先端の曲率半径が1000Åかまたはそれ以下になるように針状に加工しなければならず，またその先端が高電圧に耐えられなければならない．

通常の FIM の条件よりさらに高い電圧を針に印加すると表面の原子自体が剝がれてイオンとなって飛んでいく．この現象を電界蒸発とよぶ．FIM像の観察中に高電圧をパルス的に印加して瞬間的に電界蒸発を起こし，像の特定の位置に飛んできた表面原子のイオンを質量分析器に導いて原子種を同定する方法がアトムプローブ FIM 法(AP-FIM)である．この方法によって試料表面の原子スケールの微小領域の組成分析が可能となる．また，パルス電圧を適当な条件で繰り返し印加することにより表面の原子層を一層ごと剝ぐことができ，表面から深さ方向の組成変化を一層ごとに調べることができる．

---- 改訂新版補遺 ────

　原子配列直接観察法として2000年頃から高角散乱暗視野走査透過電子顕微鏡法(High-Angle Annular Dark Field Scanning Transmission Electron Microscopy: HAADF-STEM法)が急速に普及してきた．これは走査透過電子顕微鏡法(STEM法)の一種であり，微小領域に絞った電子線を薄膜試料上で2次元的に走査し，高角散乱した電子の強度を円環状検出器で記録して2次元強度分布像を得る方法である．電界放射型電子銃を用いることで，直径 0.2 nm 以下に電子線を絞ることができ，原子スケールの分解能が得られる．2・5節で述べたように，多波干渉の位相コントラストを利用する HRTEM 法においては，条件によって図2-14の位相コントラスト伝達関数が変化して，多様な像コントラストが現れるが，HAADF-STEM 法では，そのような電子波の干渉効果を使っていないため，投影ポテンシャルを忠実に反映した像が容易に得られる．また，電子の高角散乱は，原子核からの Rutherford 散乱により，その強度は原子番号 Z の2乗に比例することから，HAADF-STEM 像コントラストは原子種の違いを著しく強調したものとなる．このため HAADF-STEM 法は，しばしば Z コントラスト法ともよばれる．

第 3 章

結　晶

3・1　序

　固体の原子配列を調べる手段が見いだされていなかった時代から，天然の鉱物結晶が一般にきれいな多面体の外形をしていることは多くの人々の関心をよび，長年にわたって科学者の研究対象とされてきた．そのような多面体の面の間の角度が結晶の大きさや形が変わっても一定であるという法則(面間角一定の法則)が 17 世紀半ばに見いだされ，18 世紀の末には，R. J. Hauy によって面間角の測定による物質の系統的分類が試みられ，初期の結晶学が科学として確立する端緒となった．結晶の外形と原子配列の関係は 1912 年のラウエ(M. T. F. Laue)による X 線回折の発見により劇的な解明をみた．結晶の美しい外形は，まさに内部の原子配列の秩序性を反映したものであることが示されたのである．この発見以降，結晶学は結晶の原子配列を解明してそれを系統的に分類する方向に展開し，物理学または化学の一分野として急速な発展を遂げてきた．

　物質が結晶であるためにその構造がもつべき必要十分条件は並進対称性である．並進対称性とは原子配列をある定ベクトルだけ並行移動すると元の配列とまったく重なる性質である．結晶の構造には並進対称性以外にもさまざまな対称性が共存する．結晶の対称性には，鏡映対称，回転対称，反転対称，らせん対称，映進対称などがある．これらの結晶の対称性については数学的に厳密な議論が行われており，結晶の構造は対称性によって分類されている．3・2 節では，これらの結晶の対称性について，その数学的表現を用

いて記述する．やや取っつきにくいかも知れないが，上記のさまざまな対称性がどのようなものであるかを理解していただきたい．3・3節では対称性に基づく結晶の分類について述べる．ここでは七つの結晶系，14種類のブラベー格子，230種類の空間群の分類が重要である．つづいて，具体的な結晶の例として代表的な単体および化合物を取り上げて，それらの結晶構造について説明する．

　結晶学（crystallography）は，理想的な並進秩序構造を記述する学問として20世紀の初頭に発達し完成した．しかし現実の結晶は，さまざまな形で理想的な秩序構造からずれている．結晶学の完成後，1950年代からは結晶中の欠陥についての研究が盛んになり，今日に至っている．これらの結晶欠陥は結晶の諸性質に大きな役割をもつことが明らかになっていて，実用的な観点からも結晶欠陥の研究は重要な意味をもっている．3・4節ではさまざまな種類の結晶欠陥とそれらが結晶の性質に及ぼす役割について記述する．

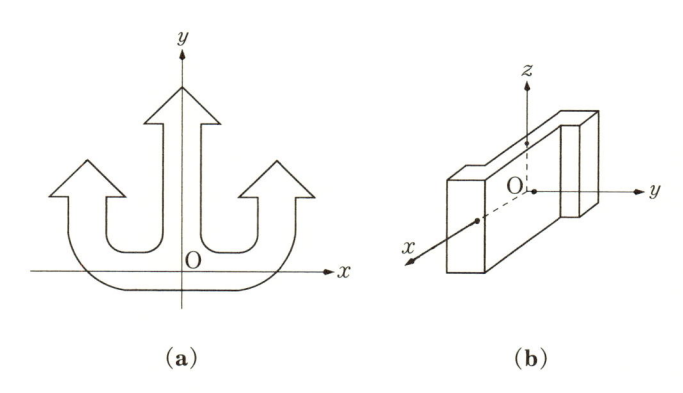

図 3-1　（a）鏡映対称の2次元図形，（b）鏡映対称，2回回転対称，反転対称性をもつ3次元図形．

3・2　結晶の対称性

たとえば我々は図3-1(a)のような図形を見てこれは「左右対称である」といういい方をする．本節では，まず最初にこの「対称性」ということを定義したいと思う．その定義とは次のようなものである．

「ある対象物にある操作を施したとき，操作後の対象物が操作前のそれと区別できないとき，『その対象物がその操作に関する対称性をもつ』といい，『その操作が対称操作である』という．」

図3-1(a)の図形は「左右を反転する」という操作の前後で区別がつかないので，この図形は左右反転操作に関する対称性をもつといい，この場合「左右反転操作」が対称操作であるという．このような操作は結晶学では「鏡映操作」とよばれ，σと表記される[*1]．座標変換で表現するとy軸に関する鏡映操作$(x, y) \to (x', y')$は，

$$\begin{bmatrix} x' \\ y' \end{bmatrix} = \begin{bmatrix} -1 & 0 \\ 0 & 1 \end{bmatrix} \begin{bmatrix} x \\ y \end{bmatrix} \tag{3-1}$$

である．また通常「なにもしないこと」も一つの操作と考え，これを「恒等操作」とよび，Eと表記する．あらゆる図形はいうまでもなくこの操作に関して対称である．図3-1(a)の図形の対称操作はこれら二つ，すなわちσとEのみである．図3-1(b)の3次元図形がもつ対称操作はz軸に直交する面による鏡映操作σ，z軸に関する180°回転操作C_2（$(2\pi/n)$の回転操作を通常C_nと表記し「n回回転操作」とよぶ），原点に関する「反転操作」iおよび恒等操作Eの四つである．図のように座標系をとると，これら鏡映操作，回転操作，反転操作は(3-1)式のような変換行列を用いた線形変換の形で表され，いずれの操作においても原点が不動点である．このような不動点が存在する操作を「点対称操作」とよぶ．点対称操作にはこの他に「回映操作」

[*1] これはシェーンフリースの記法による．以下，点対称操作（後述）はすべてこの記法に従う．

(回転操作とその回転軸に垂直な面による鏡映操作の複合操作 $\sigma \cdot C_n$, この積記号については後述),「回反操作」(回転操作と反転操作の複合操作 $i \cdot C_n$) などがある.

一般に任意の構造に対する対称操作の集合は「群」をなす.ここでいう群とは数学用語の一つで,ある集合 $\{A_i\}, i=1, \cdots, h$ に対し,結合とよばれるある操作がその集合の任意の 2 要素に対し $A_i \cdot A_j$ の形で定義され,このような操作のもとで以下の 4 条件がみたされるとき,その集合 $\{A_i\}, i=1, \cdots, h$(要素の数 h は必ずしも有限である必要はない)は,そのような結合操作に関して群をなすといわれる.

(1) 集合の任意の 2 要素 A_i, A_j に対し,結合 $A_i \cdot A_j$ がまたその集合の要素の一つとなっている.

(2) 集合の任意の要素 A_i に対し $A_i \cdot E = E \cdot A_i = A_i$ をみたすような要素 E(恒等要素)がその集合に含まれている.

(3) 各要素 A_i に対し $A_i \cdot B = E$ をみたすような要素 B(A_i の逆要素,A_i^{-1} と表記される)が存在し,それが集合の要素となっている.

(4) 集合の任意の 3 要素 A_i, A_j, A_k に対し $(A_i \cdot A_j) \cdot A_k = A_i \cdot (A_j \cdot A_k)$ が成り立つ.

対称操作の完全集合(すべての対称操作が含まれている集合)$\{A_i\}$ に対して結合操作 $A_i \cdot A_j$ を操作 A_j を行った後に操作 A_i を行う複合操作[*2]として定義すると,対称操作の完全集合が群をなすこと,すなわち上述の 4 条件をみたすことは以下のようにしてわかる.まず A_i, A_j が対称操作ならば $A_i \cdot A_j$ は当然対称操作であり,集合 $\{A_i\}$ がすべての対称操作を含んでいるので $A_i \cdot A_j$ はこの集合に含まれていなければならない.したがって,(1) は成

[*2] このように先に後ろの操作を行うように定義しておくと点対称操作を表す行列の積の順番と一致する.つまり二つの点対称操作 A_i, A_j(対応する行列を $\varGamma(A_i), \varGamma(A_j)$ とおく)の積 $A_k = A_i \cdot A_j$ はやはりなんらかの点対称操作であり,これを表す行列 $\varGamma(A_k)$ は $\varGamma(A_i) \cdot \varGamma(A_j)$ となる.

立する．恒等操作 E は対称操作なので(2)が成立する．すべての対称操作は明らかに逆要素をもち，これも当然対称操作となるので完全集合に含まれる．よって(3)が成立する．(4)の成立は自明であろう．以上のように対称操作の完全集合は群をなす．前述した図 3-1(a)(b)のような有限な大きさをもつ図形の対称操作は点対称操作のみである．このような点対称操作の完全集合を「点群」とよぶ．たとえば図 3-1(a)の図形の点群は $\{E, \sigma\}$，図 3-1(b)の図形の点群は $\{E, \sigma, C_2, i\}$ である．

一般に結晶構造は「格子」と「原子修飾」の二つの要素で成り立っている．図 3-2 に示すように格子とは周期的に並んだ点の集合であり，原子修飾とは 1 格子点当たりの原子配列すなわち単位胞に含まれる原子集団である．2・4 節で二つの関数のたたみこみについて述べたが，結晶構造はまさに格子と原子修飾の二つの関数のたたみこみで記述できる(図 2-8 参照)．結晶構造には前述の点対称操作以外に「並進対称操作」が存在する．いま，格子を形成する基本ベクトルを $\boldsymbol{a}_1, \boldsymbol{a}_2, \boldsymbol{a}_3$ とおくと，任意の整数 n_1, n_2, n_3 に対するベクトル $(n_1\boldsymbol{a}_1 + n_2\boldsymbol{a}_2 + n_3\boldsymbol{a}_3)$（格子並進ベクトルとよばれる）の平行移動に対して構造は変わらないので，この操作が対称操作となり，このような操作を並進対称操作とよぶ[*3]．

結晶構造の対称操作を表す方法にザイツの記法がある．これは $\boldsymbol{r}' = \varGamma(\mathrm{R})\boldsymbol{r} + \boldsymbol{t}$ で表される変換操作 $\boldsymbol{r} \to \boldsymbol{r}'$ を $\{\mathrm{R}|\boldsymbol{t}\}$ と表記するものである．ここで R はある点対称操作で，$\varGamma(\mathrm{R})$ はこれに対応する変換行列を表し，$\boldsymbol{t}$ はある並進ベクトルを表す．これに従うと，純粋な点対称操作は $\{\mathrm{R}|0\}$ と表され，純粋な並進対称操作は $\{\mathrm{E}|n_1\boldsymbol{a}_1 + n_2\boldsymbol{a}_2 + n_3\boldsymbol{a}_3\}$ と表される．格子並進ベクトルではないベクトル $\boldsymbol{t}$ に対して $\{\mathrm{R}|\boldsymbol{t}\}$ が結晶構造の対称操作となる場合

[*3] このような操作の前後で結晶構造の端のあたりで食い違いが生じるのではないかとの反論があるかもしれない．しかしながら，我々がここで扱っている結晶構造は無限に大きいことが仮定されており，そのような食い違いは無視できる．

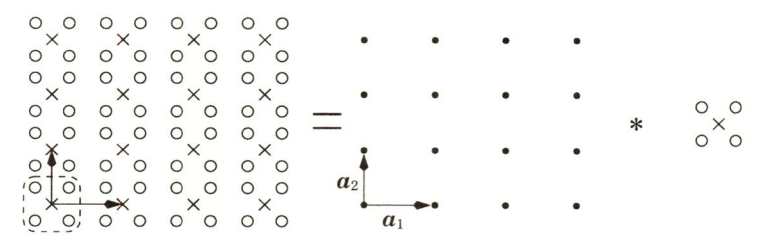

図 3-2 結晶構造(左)は格子構造(中央)と原子修飾(右)のたたみこみで記述される.＊印はたたみこみを意味する.

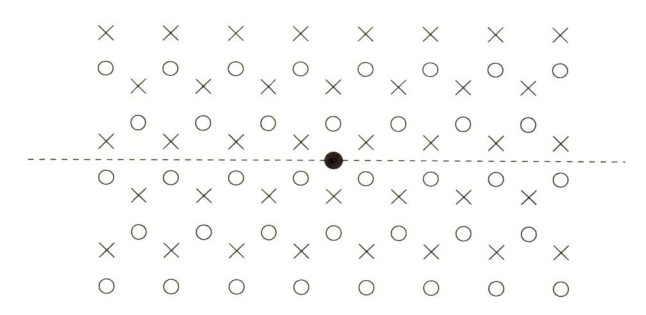

図 3-3 らせん対称の結晶構造.○と×は紙面垂直方向に交互に等間隔で並んでいる.

がある.たとえば図3-3の結晶構造を考えてみる.ここで○位置の2次元3角格子と×位置の2次元3角格子が紙面垂直(z軸)方向に交互に等間隔に積層した構造をもつとする.このときz軸方向の基本周期は○と×の2層分となる.いま○と×を同種の原子が占めているとすると,●位置に関してz軸のまわりに$(2\pi/6)$回転し,z軸方向に基本周期の半分だけ並進移動する操作,すなわち$\{C_6|(1/2)\boldsymbol{a}_3\}$が対称操作となっている.このような対称操作は「らせん対称操作」とよばれる.また図中点線で示した紙面に垂直な面に関する鏡映操作ののち,z軸方向に基本周期の半分だけ並進移動する操作$\{\sigma|(1/2)\boldsymbol{a}_3\}$も対称操作となっており,このような対称操作は「映進対称操作」とよばれる.結晶構造の対称操作の完全集合は純粋点対称操作,純粋並

進対称操作，らせん対称操作，映進対称操作およびこれらの組み合わせからなる．

結晶構造の対称操作 $\{R|t\}$ の完全集合がつくる群を「空間群」とよぶ．このとき，そのような集合がらせん操作と映進操作を含まない場合その空間群がシンモルフィックであるという．いま，空間群のすべての要素 $\{R|t\}$ において t を 0 とおいてみる．このとき何種類かの $\{R|0\}$ の形の操作が残るわけであるが，これらの集合はまた群をなし，このような群をその結晶の点群とよぶ．ここで定義した点群は，前に有限な大きさの図形に対して定義した点群と少し違うことに注意したい．結晶点群の要素のなかには，その結晶構造の対称操作でないものが存在しうる．このようなことが生じるのは空間群がシンモルフィックでない場合，すなわち結晶構造が，らせん対称性または映進対称性をもつ場合である．空間群の $\{R|t\}$ の集合のなかで $t=0$ のものだけを取り出して，それらがつくる群を結晶構造の点群と定義した方が合理的に思えるかもしれない．そうしないで上述のように結晶構造の点群を定義するのは，そのように定義した点群が結晶の巨視的な物理的性質の対称性を支配するからである．

これはノイマンの原理として知られ，「結晶の巨視的な物理的性質は少なくともその結晶の点群の対称性をもたなければならない」[*4] と表現される．点群の要素が結晶構造の対称操作になっている場合は（シンモルフィックな空間群の場合はいつでもそうだが），この原理が成り立つことは自明であろう．点群の要素が対称操作になっていない場合（らせん対称操作，または映進対称操作の並進成分を 0 とおいて得られた要素）でも，その操作によって生じる食い違いはたかだか結晶の基本周期程度の微小な距離のずれであり，そのようなずれが結晶の巨視的な性質に影響を与えることはない．このよう

[*4] 結晶の巨視的な物理的性質は，分極率，電気抵抗率，圧電定数，弾性スティフネスなどのように一般にテンソル量である．この原理はそのようなテンソルが点群の対称操作に対して不変であることをいっている（6・2節参照）．

な考察から上述の結晶点群の定義が妥当なことがわかる．

結晶の空間群は 230 種類あることが知られており，そのうちシンモルフィックな空間群は 73 種類ある．また結晶点群は 32 種類存在する．このように結晶の空間群，点群が有限個に限られるのは周期性をもつ構造に許される回転対称性の種類が有限個であることに起因している．たとえば図 3-1 に示したような，大きさが有限な物体では，正多角形を考えればわかるように，あらゆる自然数 n に対する n 回回転操作が対称操作となりうる．一方，周期構造に許される回転対称操作は $n=1$(恒等操作), $2, 3, 4, 6$ に限られる．

例として 5 回回転対称操作が周期構造に許されないことを示す．証明はまず 2 次元周期格子について背理法を用いて行う．すなわち，最初に 5 回回転対称性をもった 2 次元周期格子を仮定し，後にこの仮定が成り立たないことを示す．図 3-4 において，ある 5 回回転中心を A とし，最も短い格子並進ベクトルを r_0 とする．このとき格子並進ベクトルの平行移動は対称操作であるから図の点 B はやはり 5 回回転中心である．点 A と点 B が 5 回回転中心であることから，図の AC, DB はいずれも格子並進ベクトルである．格子並進ベクトル同士の和や差は常に格子並進ベクトルであるから，図の CD も格子並進ベクトルのはずである．ところが明らかに |CD|<|AB| なので，AB が最小の格子並進ベクトルであるとした仮定に矛盾する．このような矛盾が生じた原因は最初に 5 回回転対称性をもつ 2 次元周期格子が存在すると

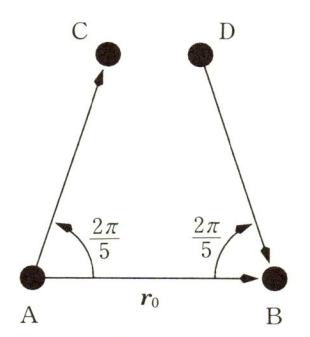

図 3-4　5 回対称が結晶では許されないことの説明図．

仮定したことに求めざるを得ない．したがって5回回転対称性をもつ2次元周期格子は存在しない．

次に，5回回転対称性をもつ3次元周期格子が存在すると仮定すると，5回回転軸に垂直な任意の格子点を含む面は5回回転対称性をもつ2次元周期格子でなくてはならないが，上で述べたようにこれが存在しないため5回回転対称性をもつ3次元周期格子も存在しない．同様にして $n=1,2,3,4,6$ 以外の回転対称性をもつ2次元および3次元周期格子が存在しないことが証明できる．このように5回回転対称性が結晶に存在しえないことが結晶学における常識であったために，この対称性を有する物質「準結晶」が現実に発見されたことは人々を大いに驚かせたのである．この準結晶については第4章で詳述する．

3・3　結晶構造

本節では，まず結晶構造を対称性によって分類するやり方について説明し，その後現実にさまざまな物質がどのような結晶構造をとるかを見ていく．前節で述べたように結晶構造の空間群は230種類，点群は32種類存在する．この32種類の結晶点群は含まれる回転対称軸，回反対称軸の性質からさらに七つの結晶系に分類できる．表3-1に各晶系の満たすべき対称性の条件および三つの基本並進ベクトル a, b, c の性質を示す．このような基本3ベクトルがつくる格子，すなわち集合 $\{r=n_1 a_1 + n_2 a_2 + n_3 a_3 | n_1, n_2, n_3$ は整数$\}$ は後に述べる P 型のブラベー格子と一致する(図3-5参照)．表3-1に関して混乱しやすいいくつかの点を指摘しておきたい．

① 結晶系は対称性の条件で定義されており，基本3ベクトルの性質はその結果として導かれるものである．

たとえば，実験精度の範囲内で $a=b$ かつ $\gamma=\pi/2$ であるが4回回転(回反，らせん)軸(以下これらをまとめて4回軸などとよぶ)をもたず，したが

三斜(P)　　単斜(P)　　単斜(C)

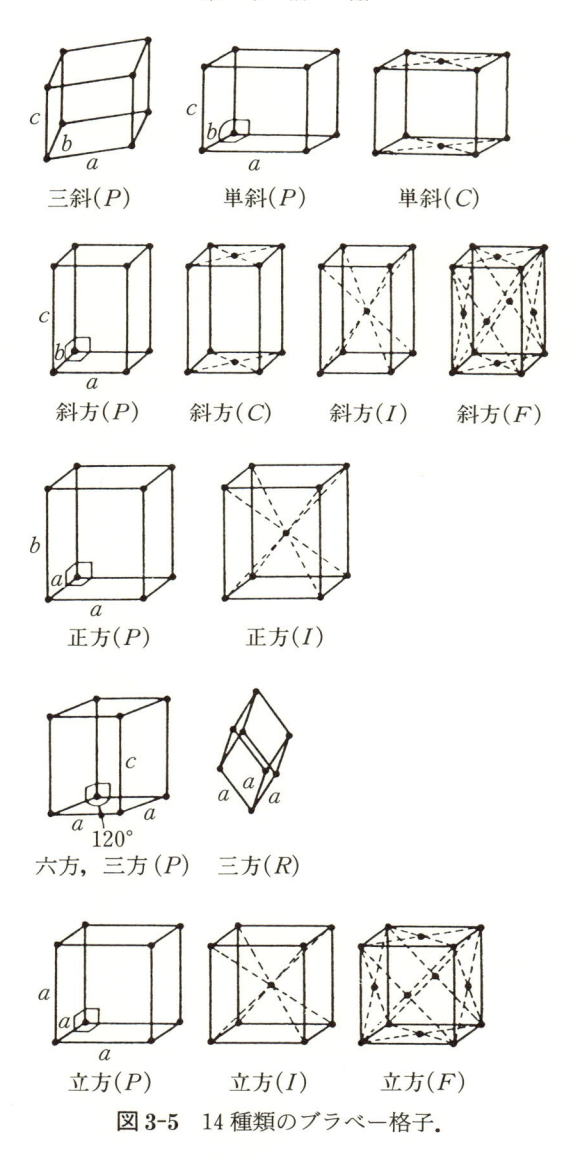

斜方(P)　斜方(C)　斜方(I)　斜方(F)

正方(P)　　正方(I)

六方, 三方(P)　三方(R)

立方(P)　　立方(I)　　立方(F)

図 3-5　14種類のブラベー格子.

って正方晶ではないような構造が存在しうる．このような場合，たとえ実験

3・3 結晶構造

表 3-1 7つの結晶系.

結晶系	対称性の条件	基本3ベクトルの性質
三斜晶	1回回転軸または1回回反軸	$a \neq b \neq c$, $\alpha \neq \beta \neq \gamma \neq \pi/2$
単斜晶	2回回転軸または2回回反軸	$a \neq b \neq c$, $\alpha = \beta = \pi/2 \neq \gamma$
斜方晶	3つの直交する2回回転軸または2回回反軸	$a \neq b \neq c$, $\alpha = \beta = \gamma = \pi/2$
正方晶	4回回転軸または4回回反軸	$a = b \neq c$, $\alpha = \beta = \gamma = \pi/2$
六方晶	6回回転軸または6回回反軸	$a = b \neq c$, $\alpha = \beta = \pi/2$, $\gamma = 2\pi/3$
三方晶	3回回転軸または3回回反軸	$a = b \neq c$, $\alpha = \beta = \pi/2$, $\gamma = 2\pi/3$ ($a = b = c$, $\alpha = \beta = \gamma \neq \pi/2$)
立方晶	立方体体対角方向の4つの3回回転軸または3回回反軸	$a = b = c$, $\alpha = \beta = \gamma = \pi/2$

精度の範囲内で $a = b$ かつ $\gamma = \pi/2$ が満たされているようにみえても,構造が4回軸をもたなければ $a = b$ かつ $\gamma = \pi/2$ が成り立つ必然性がなく,この条件は厳密には成り立っていないと考えるべきである.これに対して構造が4回軸をもつ場合は,厳密に $a = b$ かつ $\gamma = \pi/2$ であることがこの対称性から要請される.また①と関連して,

② 立方晶は必ずしも4回軸を必要としない.

実際に立方晶系には4回軸をもたない点群が存在する.表3-1の基本3ベクトルの性質から立方晶は4回軸をもつものと思いがちだが(格子のみの点群はもちろん4回軸をもつ),このような3ベクトルの長さや角度のパラメータの同等性は対称性の条件つまり3回軸から要請されるものである.原子修飾が四つの3回対称をくずすことなく格子の4回対称を消失させることができ,したがって4回軸をもたない立方晶が存在しうる.このような例として図3-9のA15型構造がある.

③ 三方晶と六方晶の基本3ベクトルの条件は同じである.

このため三方晶と六方晶の区別に関して混乱が起こりがちであるが,ここ

でも上記①がわかっていれば間違えることはない．原子修飾が3回軸しかもたず，したがって結晶構造の対称性が3回対称ならば三方晶であるし，原子修飾が6回軸をもち，したがって結晶構造が6回軸をもてば六方晶である．三方晶の一部は表3-1に括弧つきで示した基本3ベクトルをとることができる．三方晶の中でこのようなものを特に菱面体晶とよぶ[*5]．結晶格子（原子修飾をおかない）において可能な点群は7種類存在し，それらは表3-1の基本ベクトルがつくる7種の格子（菱面体晶格子を含む）に対応し，結晶系とよばれる．

結晶格子の空間群は14種類あることが知られており，それら14種の格子はブラベー格子とよばれる．図3-5に14種のブラベー格子を示す．これらはそれぞれの結晶系のP（単純）格子に新たに格子点を加えることによって得られる．このときP格子の格子点と新たに加えた点の全体集合が，
（ⅰ）格子の条件（各点のまわりの環境すなわち他の点との相対的な位置関係がすべての点において等しいという条件）をみたし，
（ⅱ）その空間群が元のP格子および他のすべてのP格子と異なること
が要請される．このあたりの事情を（3次元格子は図にかくと複雑になるので）2次元の周期格子を用いて説明する．図3-6(a)に2次元のP型の長方形格子を示す．これに上記（ⅰ），（ⅱ）の条件をみたすように新たに点を加えて新しい空間群をもつ格子を求めてみよう．まず図3-6(b)は図3-6(a)の格子の各辺の中心に点を加えてある．これは明らかに上記（ⅰ）をみたさないので不適である．次に図3-6(c)のように横方向の辺の中心のみに点を加えた構造を考える．このような構造は上記（ⅰ）の格子の条件をみたしている．しかしながら新たに生成した格子はやはり長方形格子の一つであり上記（ⅱ）の条件をみたさない[*6]．図3-6(d)のように各単位胞の中心に点を加えるのがこの場合の上記2条件をみたす唯一の解である．このとき，この格子をつ

[*5] 菱面体晶は必ず三方晶だが三方晶は必ずしも菱面体晶ではない．

(a)　(b)
(c)　(d)

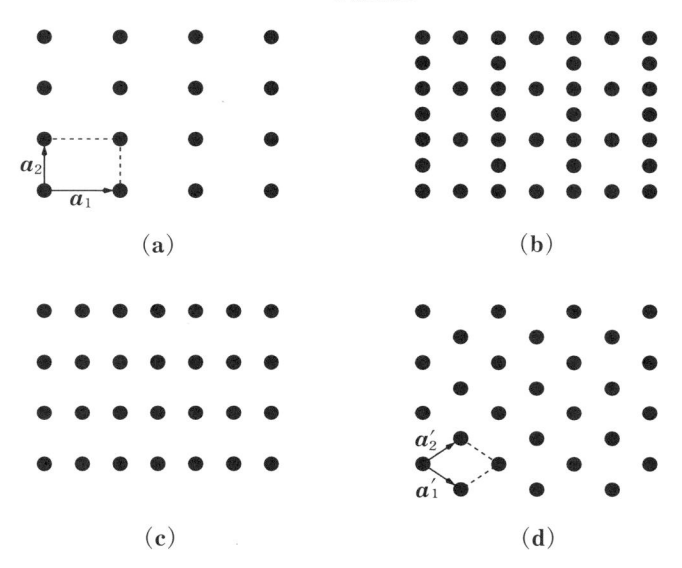

図 3-6　P 型の長方形格子(a)から派生する構造の例．(d)のみが新しいブラベー格子である．

くる基本ベクトルは図の a'_1, a'_2 となり，単位胞は図の菱形部分となるが，このような格子の基本ベクトルは元の P 格子の基本ベクトル a_1, a_2 と同じにとって格子構造を記述することが多い．これらと区別するため a'_1, a'_2 のような基本ベクトルを特にプリミティブ基本ベクトルとよび，これらがつくる単位胞をプリミティブ単位胞とよぶ．

このようにして 3 次元の 14 種のブラベー格子が導かれる(図 3-5)．これらは新たに加える点の位置により，C(底心)，F(面心)，I(体心)なる記号

[*6] 構造 A と構造 B に対しそれぞれの空間群の各要素に 1 対 1 の対応関係があるとき，二つの構造の空間群は等しい．図 3-5(a)と(c)の場合，横方向の基本並進ベクトルは異なっているが各並進操作を 1 対 1 に対応づけることができ，点対称操作も含め空間群のすべての操作が 1 対 1 に対応し，したがって二つの構造の空間群は等しい．

がつけられている．特に三方晶 P 格子の $(2/3, 1/3, 2/3)$ と $(1/3, 2/3, 1/3)$ に新たに点を加えたブラベー格子を R と表記し，前述のようにこの構造は菱面体晶とよばれる．この構造を記述する場合プリミティブ基本ベクトルを用いることが多いので図 3-5 において，特にこの構造に対しては，プリミティブ単位胞を示す．

ここで以上述べてきた結晶構造の分類についてまとめる．まず対称操作の完全集合である空間群が 230 種存在し，これらは点群によって 32 グループに分類できる．それらはさらに，表 3-1 により七つの結晶系に分類できる．また結晶格子の空間群は図 3-5 に示した 14 種存在し，これらの格子はブラベー格子とよばれる．あらゆる結晶の構造は，このような分類のどれかに属するわけである．

これから実際の結晶がとる構造の代表的なものを見ていく．1・3 節において種々の物質の結合様式と結晶構造の関係について述べ，表 1-3 にその関係をまとめ，そのような結晶構造をとる代表的な物質の例を示した．この表からわかるように単体物質は主に次の四つの構造をとる．

  1) 面心立方構造(face centered cubic structure, 略して fcc)
  2) 六方最密構造(hexagonal close-packed structure, 略して hcp)
  3) 体心立方構造(body centered cubic structure, 略して bcc)
  4) ダイヤモンド構造(diamond structure)

1), 3) はそれぞれ図 3-5 の F 型立方格子，I 型立方格子の各格子点上に一つずつの原子が配列した構造である．2) は P 型六方格子に $(0, 0, 0), (1/3, 1/3, 1/2)$ の 2 原子からなる原子修飾を配した構造であり，4) は F 型立方格子に $(0, 0, 0), (1/4, 1/4, 1/4)$ の 2 原子からなる原子修飾を配した構造である（図 3-7）．表 1-3 に示したように 1)～3) は金属結合物質，4) は共有結合物質の代表的な結晶構造である．

2) の hcp 構造を 6 回軸からながめると図 3-8(a) のようになる．これは○の位置に原子を配した 2 次元の 3 角格子と×位置の 3 角格子が交互に 6 回軸方向に積層した構造と見ることができる．二つの格子定数 a と c（図 3-7 参

3・3 結晶構造

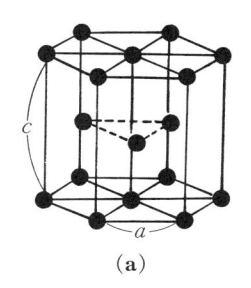

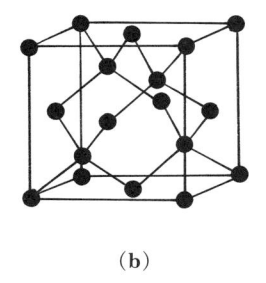

図 3-7 (a)六方最密構造，(b)ダイヤモンド構造．

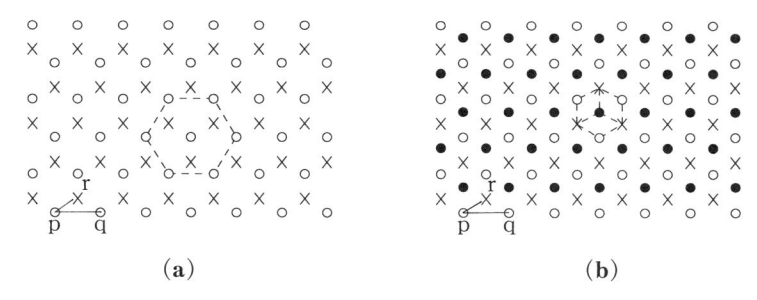

図 3-8 (a)hcp 構造を 6 回軸方向から見た図．(b)fcc 構造を 3 回軸方向から見た図．

照)の比 c/a が $\sqrt{8/3}=1.6329\cdots$ のとき，図中 p-q 間距離と p-r 間距離が一致する．この構造は，大きさの等しい剛体球を最も密に 3 次元的にパッキング(packing)した結果得られる構造の一つに対応し，これが六方最密構造の名前の由来である．なお，c/a が $\sqrt{8/3}$ でない構造も一般に六方最密構造とよび特に $c/a=\sqrt{8/3}$ なる構造を「理想的な」六方最密構造とよぶ．

ところで一見非常に異なるように見える1)の fcc 構造は，見方を変えると2)の hcp 構造とよく似ており，実はこれも剛体球パッキングにおける最密構造の一つに対応することが以下のように示される．図 3-8(b)のように fcc 構造を 3 回軸すなわち立方体単位胞の体対角方向からながめると，図 3-8(a)の hcp 構造と同様に 2 次元 3 角格子の積層構造になっている．hcp 構

造との違いは○と×と●の3種類の3角格子から成り立っていることである．つまり hcp 構造において(…○×○×○×…)の積層であるのに対し fcc 構造では(…○×●○×●○×●…)の積層となっている．fcc 構造においては他の3回軸の要請から図中 p-q 間距離と p-r 間距離が一致し，したがって理想的な最密構造になっている．このような○，×，●の三つの3角格子の積層の仕方を変えると無限に多くの他の最密構造が考えられ，実際に，ある種の希土類金属は(…○×○●○×○●○×○●…)の形の最密構造をつくる．

1), 2)の最密構造のほかに単体金属物質がとる代表的な結晶構造に，3)の体心立方構造がある．この構造の配位数(最隣接原子の個数)は8であり，最密構造が12であるのと比べて小さく，また原子充填率も当然最密構造よりも低い．1・3節で述べたように遷移金属の一部およびアルカリ金属がこの結晶構造をとり，その理由として d 電子の方向性結合または原子充填率の低さに起因したエントロピーの効果が考えられる．4)のダイヤモンド構造は配位数が4であり，単体共有結合物質の代表的な結晶構造となっている．

以上，単体物質の代表的な結晶構造を概観した．単体物質の種類は，同元素の物質が温度の違いで異なる構造をとる場合があることを考慮してもたかだか数百であるが，これが2元物質になると，一挙に数万に増える．これにしたがい当然結晶構造も多様化し，2元物質がとる結晶構造の空間群はすでに230すべてを網羅し，中には単位胞内の原子数が数千にもなる複雑な結晶構造も存在する．さらに3元，4元となると物質の数は膨大であり，その大半は研究が及んでいない．このような膨大な物質がとる結晶構造の中で単純で比較的よく知られたものの例が表1-3に示されている．

これらの中のいくつかの構造を図3-9に示す．塩化ナトリウム型，塩化セシウム型，蛍石型，DO_3型はいずれも立方晶であり，各構造のブラベー格子は，それぞれ F，P，F，F である．ペロブスカイト型構造も基本的には立方晶であるが，これがわずかに歪んだ正方晶または斜方晶の構造も含めて一般にペロブスカイト型構造とよんでいる．$CaTiO_3$ を例にとると，図にお

3・3 結晶構造

塩化ナトリウム型構造　塩化セシウム型構造　ペロブスカイト型構造

DO_3型構造　せん亜鉛鉱型構造　ウルツ鉱型構造

ルチル型構造　蛍石型構造　A15型構造

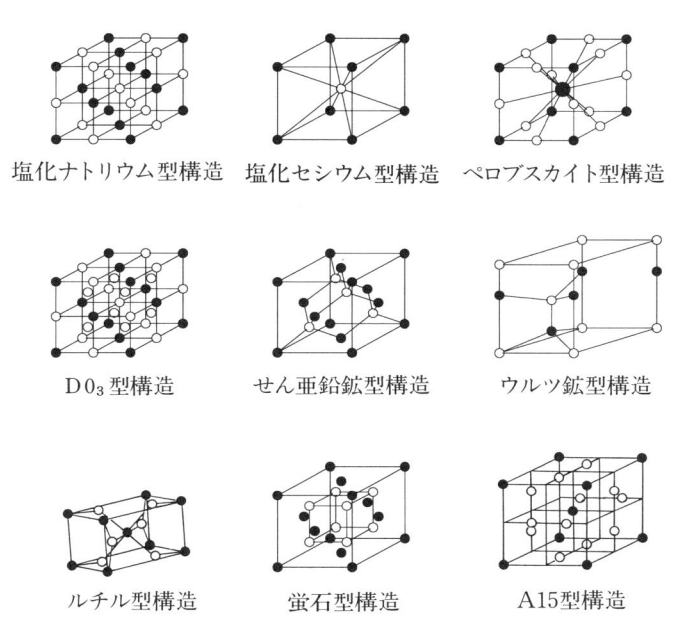

図3-9　2種類または3種類の元素から構成された化合物結晶の例．

いて体心位置をCa，頂点位置をTi，辺中心位置を酸素が占め，この場合の結晶系は斜方晶である．せん亜鉛鉱型構造はダイヤモンド構造の2種のサイトに異種原子を配した構造であり，配位数は4である．ウルツ鉱型構造も同じく4配位構造をもつが，この構造の結晶系は六方晶である．ルチル型構造は正方晶であり，TiO_2を例にとるとこの構造はTi原子が体心正方晶構造を組み，各Ti原子のまわりに酸素原子が八面体配位したものと見なせる．最後にA15型構造は立方晶であり，Nb_3Alを例にとるとAl原子が体心立方晶構造を組み，各Al原子のまわりでNb原子が20面体を形成している．

3・4 結晶中の欠陥

前節まで結晶の理想構造について述べてきた．結晶は理想的には並進対称性をもつものとして定義される．しかしながら，現実の結晶には多かれ少なかれ，この並進対称性をやぶる欠陥が必ず含まれている．これらの欠陥の多くは物質の性質に少なからず影響を及ぼす．このような意味で結晶中の欠陥は材料科学において研究すべき最も重要な課題の一つである．このような欠陥はもちろん存在しない方がよいことも多いが，一方ではこれら欠陥自身がその物質の性質に好ましい効果をもたらすことも少なくない．実際，多くの材料はこの種の欠陥を積極的に取り入れることで望ましい性質をもつように設計される．

表 3-2 に結晶中の欠陥の分類を示す．結晶中の欠陥は大きく分けて格子欠陥と化学欠陥の二つに分けられる．格子欠陥は，構成元素の種類に関係なく原子配列が幾何学的に乱れたような欠陥を指し，化学的欠陥は，構成元素の種類そのものが本来のものと違っているものを指す．これらはそれぞれ欠陥の空間的な広がりの違いから，点欠陥[*7]，線欠陥，面欠陥，体積欠陥に分けられる．図 3-10 にこれらの中のいくつかを模式的に示す．

化学欠陥の基本的なものには「置換型不純物原子」と「侵入型不純物原

表 3-2 結晶欠陥の種類．

	化学欠陥	格子欠陥
点欠陥	置換型不純物原子 侵入型不純物原子	原子空孔 格子間原子
線欠陥	—	転位
面欠陥	—	粒界，積層欠陥
体積欠陥	析出物	ボイド

[*7]「点欠陥」は狭義には，格子欠陥の原子空孔と格子間原子のみを指す．

3・4 結晶中の欠陥

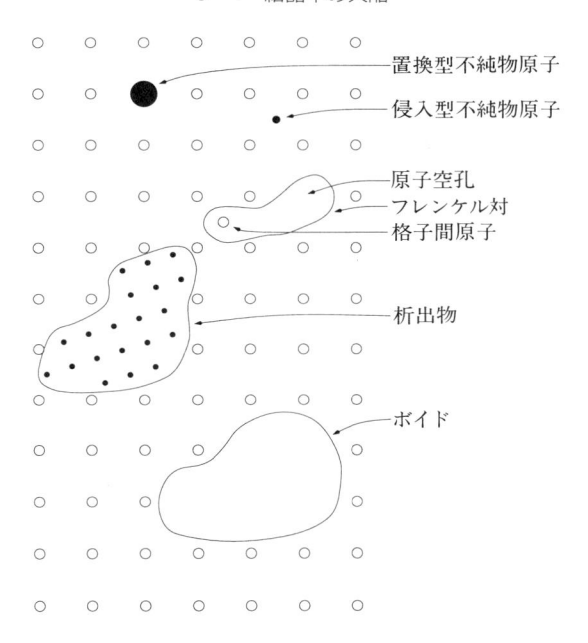

図3-10 さまざまな結晶欠陥．

子」がある．図に示すように異種原子が本来の原子と置換して格子点を占めている場合，そのような原子を置換型不純物原子とよび，格子の隙間に入りこんでいる場合，侵入型不純物原子とよぶ．また置換型であろうが侵入型であろうが，異種原子が結晶中にランダムに入りこんでいるときそれらを固溶原子とよび，そのような物質を固溶体とよぶ．固溶体は溶質原子の濃度の低い場合に限らず広い濃度範囲で生成する場合がある．不純物原子が置換型で固溶するのは，それが母格子の構成元素と原子の大きさ，化学的性質などが類似している場合である．侵入型原子の大きさは当然母格子の元素の原子と比べてかなり小さくなくてはならず，侵入型で固溶する原子は通常ガス不純物とよばれる H，N，O，C の4種類である．置換型や侵入型で固溶できない不純物原子は集合して母相とは別の結晶として母相内に析出物を形成する

(図 3-10).

　このような化学欠陥を積極的に取り入れた材料の代表的な例として半導体材料が挙げられる．第1章で述べたように Si, Ge などの 4B 族元素は 4 配位の共有結合構造をとり，電気的には 1 eV 程度のバンドギャップをもつ半導体である．これにたとえば P, As などの 5B 族元素を不純物として溶かし込む（ドープする）と，この 5B 族の 5 価の原子は置換型で固溶し，このとき 5 個の価電子のうちの 4 個が母格子の原子との共有結合に寄与し，残りの 1 個の電子が不対電子となる．この不対電子は正に帯電した不純物原子に束縛されるがその束縛エネルギーはあまり大きくなく，わずかな熱エネルギーで容易にこの束縛が解けて伝導電子となる．また Ga, In などの 3B 族元素をドープすると，今度は母格子の原子と共有結合をつくる際に電子が 1 個不足する．このような共有結合の欠陥を正孔とよぶ．この正孔もわずかな熱で移動可能となり，伝導電子と同様に電気の運び手（キャリア）となる．このように不純物が供給するキャリアによって電気伝導が支配されているような半導体を不純物半導体とよぶ．またこのとき電子がキャリアとなるものを n 型，正孔がキャリアとなるものを p 型とよぶ．ドープする不純物の種類，量を人為的に制御することでキャリアの種類，量を調節し，電気伝導特性を自在に制御することができる．また p 型，n 型を組み合わせることでダイオード，トランジスタなどの半導体素子がつくられる．

　この他にも構造材料においてその強度を向上させる目的で化学欠陥を積極的に取り入れる例が数多くある．後述するように結晶材料の塑性変形は転位の運動によって起こる．固溶原子や析出物はこの転位の運動を阻害する働きをし，その結果材料の強度が増すわけである．強度向上が固溶原子による場合を固溶強化とよび，析出物による場合を析出強化，または分散強化とよぶ．

　格子欠陥の中で点欠陥は原子空孔と格子間原子の二つである（図 3-10）．これらが近接している場合，それをフレンケル対とよぶ．このうち，原子空孔は固体中での原子の拡散において重要な役割を果たす．固体内原子拡散に

3・4 結晶中の欠陥

は結晶構成原子自体の拡散(自己拡散),不純物の拡散(不純物拡散),異なる二つの結晶が接しているときその界面を通して起こる拡散(相互拡散)などがある.完全結晶中で原子の拡散が起こるには原子同士の直接の交換などが必要だが,これには高い活性化エネルギーが必要となる.これに対して,原子の拡散が空孔を媒介として起こる場合に必要な活性化エネルギーは低く,比較的低温でも拡散が可能となる.このような原子空孔を媒介として起こる拡散の機構を空孔機構とよぶ.

線欠陥には転位がある.ここでは完全結晶に実際に転位を導入し,その転位の運動によって結晶の塑性変形[*8]が起こるしくみを見ていくことにする.この説明の過程で転位の形態自体も明らかにされる.図3-11(a)に完全結晶のかたまりを示す.いま,これを消しゴムのようなものだと思って左から途中まで切り込みを入れ,上部のA'B'が下部に対して1原子分ずれるように矢印の方向に押して接着する(図3-11(b)).その結果,上部の原子面の数が下部より1枚だけ多くなる.図3-11(b)では上部の格子面CDEFが下部に対して余分に挿入されたようなかっこうになっている.このとき,線CDが転位線に対応する.転位線の周辺には格子の歪が生じる.図3-11(a)から(c)にこの転位が移動することによって全体が変形する様子を示す.1本の転位の移動によって最終的に上部と下部が1原子分ずれていることに注目していただきたい.このとき転位が移動した面をすべり面とよび,このような変形機構をすべり変形とよぶ.またこのように転位の移動によって生じるずれの大きさと方向を表すベクトルをその転位のバーガース・ベクトル(Burgers vector)とよぶ.

転位のバーガース・ベクトルを幾何学的に求める方法を図3-12に示す.図3-12(a)のような転位に対してまず転位線を囲むような回路を考える.これをバーガース回路とよぶ.図3-12(a)のようにバーガース回路を結晶

[*8] 荷重を除くと元に戻るような変形を弾性変形,元に戻らないものを塑性変形とよぶ.

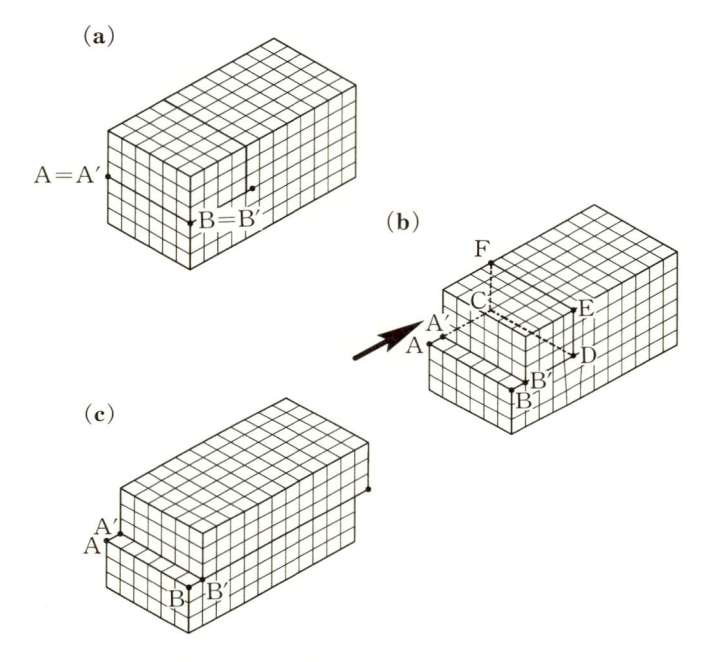

図 3-11 結晶中への転位の形成とその移動にともなう結晶の変形．

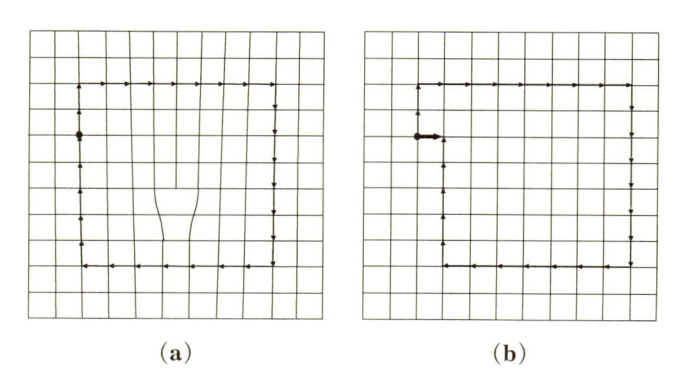

図 3-12 転位のバーガース・ベクトルの求め方．

格子に沿ってとり，ある格子点から出発して右回りに回路をたどっていき，図3-12(b)のように転位が入っていない完全結晶の格子点に対応づけていく．バーガース回路を一周したとき，対応づけた完全結晶の回路は閉じないで，あるベクトルだけずれを生ずることになる．このずれのベクトルがバーガース・ベクトルである．このように定義したバーガース・ベクトルは，バーガース回路の取り方，始点の決め方によらない．図3-11，3-12の転位においては転位線の方向とバーガース・ベクトルの方向が直交している．このような転位を刃状転位とよぶ．

　図3-13(a)にもう一つの種類の転位を示す．ここではABが転位線で，この方向はバーガース・ベクトルの方向と平行である．このような転位をらせん転位とよぶ．図3-13(b)においては転位線AB上のA付近，B付近はそれぞれ刃状転位，らせん転位であるが，その中間領域では転位線とバーガース・ベクトルの角度は0度と90度の中間であり，このような転位を混合転位とよぶ．図3-11および図3-13(a)(b)に示した三つの場合はいずれもバーガース・ベクトルは等しく，したがってこれらの転位線が掃いた後に生ずる上下部分の間のずれは同じである．

　このような転位の運動によるすべり変形の組み合わせで結晶全体の塑性変形が起こる．このようなすべり変形は原理的にはあらゆるすべり系（すべり

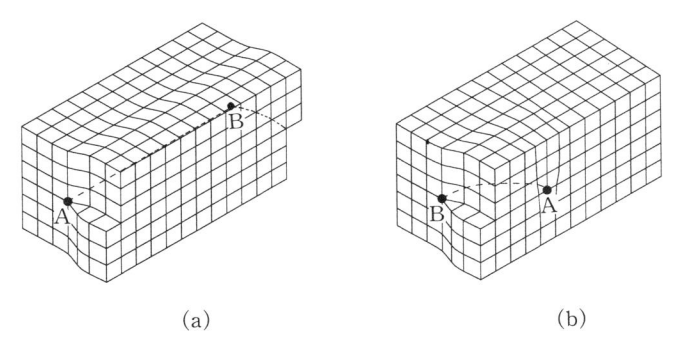

(a) (b)

図3-13　（a）らせん転位，（b）混合転位．

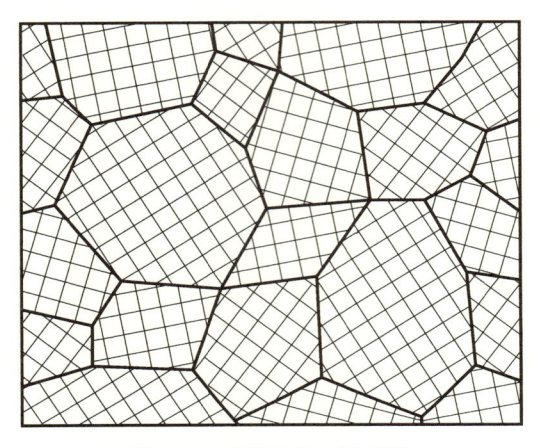

図 3-14 多結晶体の模式図.

が起こる結晶面とすべり方向)で起こりうるが,実際には各結晶構造で活動しやすいすべり系が決まっていて,外からかけられた応力の方向に対応してそれらの中の適当なすべり系が活動して塑性変形が起こる.このように転位の運動によって結晶の塑性変形が生じるので,前述したようにこの運動を固溶原子や析出物で阻止することにより高強度の材料を得ることができる.また一方では,結晶の塑性変形は材料にとって大変重要でもある.もし,材料がまったく塑性変形しなかったら,それはその材料が脆いことを意味する.ある程度塑性変形することにより,容易には破壊に至らないのである.

面欠陥には粒界や積層欠陥などがある.図 3-14 に示すように結晶は多くの場合方位の異なる多数の部分からなる.その一つ一つを結晶粒とよび,結晶粒と結晶粒の境界を粒界とよぶ.またこのような形態の物質を多結晶とよぶ.これに対して全体が一つの結晶粒からなる物質を単結晶とよぶ.転位の運動は粒界で止められるので一般に粒界が多いほど,すなわち結晶粒が小さいほど塑性変形しにくく強度が増す.またその一方で粒界は材料の脆さの原因にもなる.積層欠陥は,たとえば前節で述べた最密構造の積層の順番が部分的にずれるような欠陥である.

最後に体積欠陥には図3-10に示したボイドがある．これは原子空孔が多量に集まったものであり，通常はほとんど存在しない．しかし，原子炉材料などにおいて多量の放射線の照射により形成され，脆化の原因となる．

第4章　準結晶

4・1　序

　1980年代初頭にイスラエルのShechtmanらは，急冷したAl-Mn合金中に図4-1に示すような電子回折図形を与える相を見いだした．この回折図形はブラッグ回折ピーク(第2章参照)からなり，その配列は10回対称性をもっている．彼らは種々の入射方位での回折図形を調べることにより，図4-1の回折図形の入射方位が5回対称軸であり，この相が3次元的に正20面体対称性をもつことを明らかにし(図4-2)，1984年に正20面体相の発見を発表した．この発見が準結晶の誕生の発端となった．

　3・2節で示したように周期的な並進秩序と共存できる回転対称性は1回，2回，3回，4回および6回に限られており，5回対称性は従来の結晶学では存在しえないものである．ただし，3・2節で証明したことは5回対称性をもつ周期構造が存在しえないということであり，5回回転対称性をもつ原子配列がありえないことを示したのではない．もちろんShechtmanらが発見した相は回折図形がブラッグ回折ピークで構成されているのでアモルファス物質でもない．この報告の直後にアメリカのSteinhardtらにより準結晶(quasicrystal)という新しい概念がつくられ，図4-1の相の構造がこの概念で説明されることが示された．この「正20面体準結晶」の発見以後「正10角形準結晶」，「正8角形準結晶」，「正12角形準結晶」が発見され，多様な準結晶相の存在が認識されるようになった．現在までAl基，Zr基，Cd基等70を越える合金系で準結晶相の生成が見いだされている．最初に発見さ

図 4-1　Al–Mn 系準結晶から得られる 10 回対称の電子回折パターン．

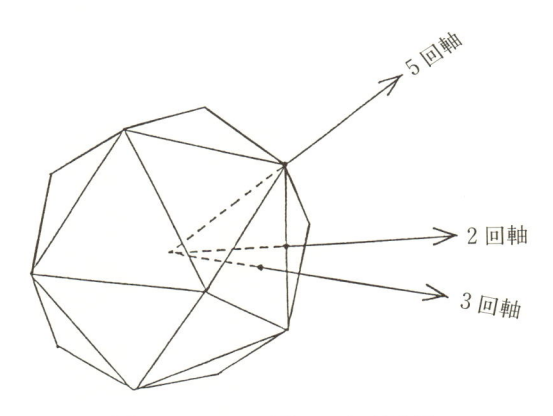

図 4-2　正 20 面体と回転対称軸．

れた Al–Mn 合金の準結晶相は急冷過程ではじめて生成する準安定相であったが，約 40 の合金系で熱力学的に安定な準結晶相が報告され，準結晶の物質科学全体における地位は不動のものとなった．いずれにしても準結晶の発

見およびそれにつづく研究は，従来から多くの人が信じていた次のような常識が間違いであることを示したという点で，非常に画期的なものであった．

（1）5回対称の原子配列をもつ固体は存在しない．
（2）δ関数的な回折ピーク（ブラッグピーク）は周期構造に対してのみ現れる．
（3）熱力学的に安定な固相は常に結晶である．

4・2節では準結晶の概念について述べる．実は，準結晶構造というのは高次元空間の結晶で記述できる．まず高次元空間をその基準座標軸に対してある傾きをもつ実空間とそれに直交する補空間とに分け，補空間内に拡がった「超原子」を結晶格子上に配置することにより，それが実空間を切る点で実空間内に準周期配列の原子構造が得られるのである．このように表現すると極めて抽象的，数学的で理解しにくいかも知れない．この内容を，まず視覚的に最も理解しやすい例として，1次元の準周期構造が2次元の結晶構造のある断面で記述できることを数学的，幾何学的に記述する．2次元や3次元の準結晶もこの例を基に想像をたくましくして理解していただきたい．また，このような構造の回折図形が，従来の結晶の回折図形と同様に点（δ関数）の集合からなることを数学的に示す．

4・3節では準結晶構造の特徴について述べる．ここではまず準結晶がもつ「準周期性」が，通常の結晶がもつ「周期性」とどのように異なるかを説明し，つづいて準結晶特有の「自己相似性」について述べる．さらに，準結晶構造の歪には，通常の結晶の歪に相当する歪（フォノン歪という）のほかに，フェイゾン歪（高次元結晶格子の補空間内の変位に関連した歪）という準結晶構造特有の歪が生じることを示す．フェイゾン歪は準結晶から結晶へ連続的に構造変化させる橋渡しの役割をもつ欠陥であり，準結晶にフェイゾン歪が一様に導入されると，準結晶構造と似た構造をもつ大きな単位胞の結晶が得られる．このような結晶は近似結晶とよばれ，現実に準結晶が得られる合金組成の近くにさまざまな近似結晶が見いだされている．また4・3節では図形の幾何学的な変換操作によっても準結晶格子を生成できることについ

てもふれる．4・4 節では現実の準結晶の種類，合金系について述べ，4・5 節ではそれらの準結晶がどのような原子配列をもっているのかについて記述する．要約して準結晶合金の構造を表現すると「正 20 面体対称のクラスター（50 個ほどの原子からなる）あるいは 10 回対称のコラム状クラスター（直径 20 Å 程度）が空間的に準周期的に配列し，その間を"のりづけ原子"（glue atom）とよばれる原子群で埋めた構造」ということになる．

最後に 4・6 節では，なぜこのような準結晶という物質がこの世に安定に存在するのかという問題について論じる．まだ，準結晶の構造の詳細が完全に解明されたわけではないので，この問題に関する完全な解答は得られていない．すなわち，準結晶が電子系のエネルギーの利得によって安定化するヒューム-ロザリー化合物の一種であるという考え方は世の中に定着したが，構造の多様性に起因するエントロピー項の寄与についてはまだ明確な結論が得られていないのが現状である．

4・2　準結晶の概念

2・3 節において 1 次元フィボナッチ格子を用いて準結晶の回折強度関数 $I(S)$ の特徴を述べた．その特徴とは以下の三つである．

(1) δ 関数のセットからなる．
(2) そのような δ 関数の位置の集合は有限個の基本ベクトルの整数係数線形結合で表せるが，そのとき必要な基本ベクトルの数が構造の次元の数より大きい．
(3) フラクタル（自己相似）な構造をもつ．

ここで (1) と (2) を満たす構造がもつ並進秩序を準周期性とよぶ．実際の準結晶相の回折図形はこれらの条件をすべてみたし，さらに次の条件をみたす．

(4) 周期構造に許されない回転対称軸をもつ．

逆に，以上のような特徴をもつ回折強度関数 $I(S)$ を与える物質を準結晶と

定義することができる．通常は，上記(1)(2)(4)を満たす $I(\boldsymbol{S})$ を与える物質を準結晶と定義する．このように定義した大部分の準結晶の $I(\boldsymbol{S})$ は(3)の特徴を併せもつ．実際に図4-1の回折図形には自己相似性がみられる．図をたとえば τ(黄金比；$=(1+\sqrt{5})/2$)倍または $1/\tau$ 倍にコピーして元の図と重ねてみていただきたい．かなりよく一致することがわかるだろう．なお，この定義に従うと1次元フィボナッチ格子は，(4)の条件を満たさな

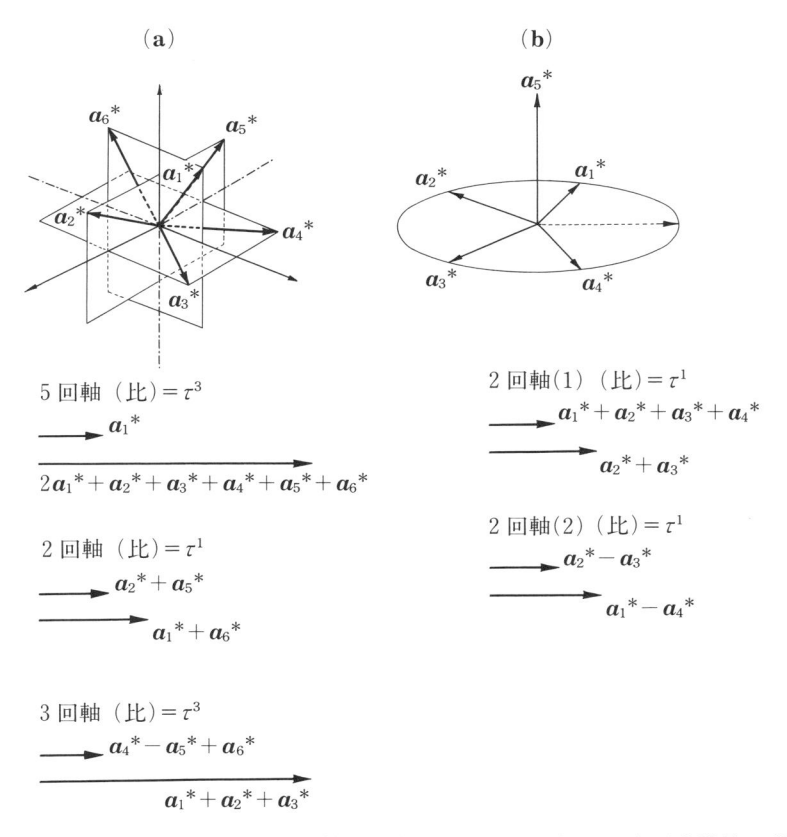

図4-3 (a)正20面体準結晶の逆格子基本ベクトル，(b)正10角形準結晶の逆格子基本ベクトル．下のベクトルは各対称軸上の2種類の基本ベクトル．

いため準結晶ではない．しかしながら，後述するようにこの1次元構造は正20面体準結晶および正10角形準結晶と共通の特徴を数多くもち，しばしば1次元準結晶とよばれる．

正20面体準結晶，正10角形準結晶の逆格子基本ベクトルを図4-3(a)(b)に示す．正20面体準結晶の逆格子基本ベクトルは正20面体の中心から各頂点にむかう6本のベクトルである．正10角形準結晶は10回軸垂直面内に正10角形対称をもった2次元準結晶構造が10回軸方向に周期的に積層した構造をもち，その逆格子基本ベクトルは準結晶面内に正5角形の中心から各頂点にむかう5ベクトルの中の四つ（5ベクトルの和が0であるため5ベクトルの中の任意の4ベクトルが整数係数線形独立[*1]である）と10回軸周期方向に一つの合計5ベクトルである．正20面体準結晶の逆格子空間における5回軸，2回軸，3回軸上の逆格子点は，それぞれ図に示す2ベクトルで指数づけすることができる．また正10角形準結晶の準結晶面内には2種類の2回軸が存在し，それらの軸上の逆格子点は，やはりそれぞれ図に示す二つのベクトルで指数づけできる．これらの2ベクトルの長さの比はいずれも黄金比τに関連していて，このことはそれぞれの対称軸方向の並進秩序が1次元フィボナッチ格子のそれと類似していることを示している(2・3節図2-4(d)または図4-6参照)．

二つの逆格子基本ベクトルa_1^*, a_2^*をもつ1次元準周期構造の回折関数$F(S)$は，その定義から一般に，

$$F(S) = \sum_{n_1}\sum_{n_2} A_{n_1,n_2}\delta(S-(n_1 a_1^* + n_2 a_2^*)) \tag{4-1}$$

とかける．2・4節の(2-15)式を用いて，対応する1次元実空間密度関数は

$$\rho(r) = \sum_{n_1}\sum_{n_2} A_{n_1,n_2} e^{2\pi i(n_1 a_1^* + n_2 a_2^*)\cdot r} \tag{4-2}$$

[*1] 任意の二つの異なる整数の組$(n_1, n_2, \cdots, n_k)$と$(m_1, m_2, \cdots, m_k)$に対して$\sum_i n_i a_i \neq \sum_i m_i a_i$が成り立つときベクトル$a_i$ ($i=1, 2, \cdots, k$)が整数係数線形独立であるという．

となる．このような1次元準周期構造は，ある2次元周期関数の1次元断面として記述できることが以下のようにしてわかる．まず(4-2)式の関数 $\rho(\boldsymbol{r})$ に対して関数 $\rho^{\mathrm{h}}(t_1, t_2)$（今後添え字 h は高次元関数，高次元ベクトルに対して用いる）を次式で定義する．

$$\rho^{\mathrm{h}}(t_1, t_2) = \sum_{n_1} \sum_{n_2} A_{n_1, n_2} e^{2\pi i (n_1 t_1 + n_2 t_2)} \tag{4-3}$$

これは t_1, t_2 に関して周期1の周期関数になっている．(4-2)，(4-3)式より

$$\rho(\boldsymbol{r}) = \rho^{\mathrm{h}}(t_1, t_2) \tag{4-4}$$

ただし，

$$\begin{cases} t_1 = \boldsymbol{a}_1^* \cdot \boldsymbol{r} \\ t_2 = \boldsymbol{a}_2^* \cdot \boldsymbol{r} \end{cases} \tag{4-5}$$

ここで $\boldsymbol{a}_2^* = \alpha \boldsymbol{a}_1^*$ とおくと，

$$t_2 = \alpha t_1 \tag{4-6}$$

である．このことから，1次元準周期関数 $\rho(\boldsymbol{r})$ が2次元周期関数 $\rho^{\mathrm{h}}(t_1, t_2)$ の(4-6)式で表される直線上の値として得られることがわかる．

図4-4(a)にこのような形で記述した1次元準周期構造の例を示す．(4-1)式から(4-6)式までの議論の過程では，2次元周期関数 $\rho^{\mathrm{h}}(t_1, t_2)$ の基本周期ベクトル $\boldsymbol{d}_1, \boldsymbol{d}_2$ について特に制限はついていない．しかしながら，便宜上

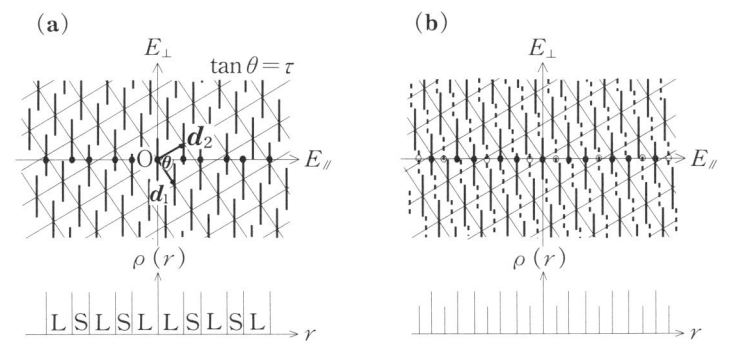

図 4-4 2次元周期関数の1次元断面で記述される1次元準周期構造．(a)単純準周期構造，(b)修飾された準周期構造．

(フーリエ変換等の計算上,余分な煩雑さを入れないために)d_1, d_2 を図のように $|d_1|=|d_2|$, $d_1 \perp d_2$ をみたすようにとることにする.ここで,2次元空間の中で関数 $\rho(r)$ が得られる1次元部分空間を $E_{\parallel}$,それと直交する補空間を $E_{\perp}$ と名づけることにする.図4-4(a)においては $\alpha=\tau$ であり,2次元周期関数としては各格子点に $E_{\perp}$ 方向に伸びた線分がくっついたものである.この関数は各線分上でのみ δ 関数的に値をもち,他では値が0という意味である.この2次元関数の $E_{\parallel}$ 断面として与えられる1次元密度関数 $\rho(r)$ は,δ 関数のセットからなり,しかも隣り合う δ 関数の間の距離に適当な下限と上限があるので,実際の原子配列の1次元的なモデルになりうるものである.$E_{\perp}$ 方向にのびた線分が $E_{\parallel}$ と交差する点が $E_{\parallel}$ 上での原子位置に対応し,この線分は高次元空間(hyperspace)の原子という意味で「超原子」(hyperatom)とよばれる.

現実の準結晶の構造は,図4-4(b)のようにサイズ,原子種(δ 関数の値に対応)の違う数種の超原子が高次元単位胞のいくつかの位置を占めるという形で記述される.図4-4(a)では超原子のサイズはちょうど高次元単位胞を $E_{\perp}$ に射影してできる領域と同じにとってある.この場合には,$E_{\parallel}$ 上の点列の隣り合う2点間距離が,長さの比が黄金比 τ のLとS(longとshortの意味)の2種類だけとなり,この構造はフィボナッチ格子とよばれる.

図4-4(a)のフィボナッチ格子におけるLとSの配列は,いわゆるフィボナッチ配列と一致する.フィボナッチ配列は次のように定義される2種類の異なる物(たとえば○と×)の配列である.まず○一つから始めて,○→○×,×→○なる変換を1世代ごとに行っていく.第1世代(○)に対してこの変換を行うと(○×)なる第2世代が得られる.これにさらに上記変換を施すと,(○×○)なる第3世代が得られる.これを無限回繰り返してできる配列がフィボナッチ列である.長さの比が τ のLSの配列の場合,上記変換操作は図4-5に示すようにLを $\tau:1$ に内分する位置に新たに点を加えて全体を τ 倍する操作に対応する($\tau^2=\tau+1$ が成立することに注意せよ).したがって,このような変換を無限回繰り返した極限として得られる構造がフィボ

4・2 準結晶の概念

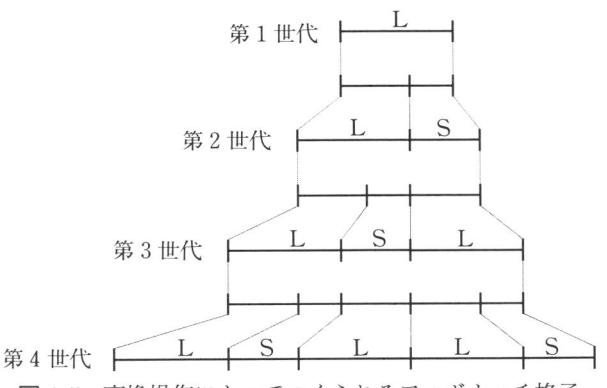

```
第1世代        |———L———|
第2世代    |——L——|—S—|
第3世代  |—L—|S|—L—|
第4世代 |L|S|L|L|S|
```

図 4-5 変換操作によってつくられるフィボナッチ格子.

ナッチ格子である.なお,図 4-5 からわかるように第 n 世代 ($n \geq 3$) は第 ($n-1$) 世代のうしろに第 ($n-2$) 世代をくっつけたものになっている.いま第 n 世代の LS の総数を F_n とおくとこのような関係から $F_n = F_{n-1} + F_{n-2}$ ($n \geq 3$) が成り立つことがわかる.$F_1=1, F_2=2$ としてこの漸加式で定義される数列 F_n はフィボナッチ数列とよばれる.

つづいてフィボナッチ格子のフーリエ変換を求めてみよう.(4-3)式の 2 次元周期関数 $\rho^h(\boldsymbol{r}^h)$ ($\boldsymbol{r}^h = t_1 \boldsymbol{d}_1 + t_2 \boldsymbol{d}_2$) のフーリエ変換 $F^h(\boldsymbol{S}^h)$ は

$$F^h(\boldsymbol{S}^h) = \sum_{n_1} \sum_{n_2} A_{n_1, n_2} \delta(\boldsymbol{S}^h - (n_1 \boldsymbol{d}_1^* + n_2 \boldsymbol{d}_2^*)) \tag{4-7}$$

となる.ここで $\boldsymbol{d}_1^*, \boldsymbol{d}_2^*$ は,(2-14)式を満たす $\boldsymbol{d}_1, \boldsymbol{d}_2$ に対応する逆格子基本ベクトルである.$\boldsymbol{d}_1, \boldsymbol{d}_2$ を $|\boldsymbol{d}_1| = |\boldsymbol{d}_2|$,$\boldsymbol{d}_1 \perp \boldsymbol{d}_2$ ととったおかげで,対応する逆格子基本ベクトル $\boldsymbol{d}_1^*, \boldsymbol{d}_2^*$ もやはり $|\boldsymbol{d}_1^*| = |\boldsymbol{d}_2^*|$,$\boldsymbol{d}_1^* \perp \boldsymbol{d}_2^*$ をみたしている.(4-7)式からわかるように逆格子点 (n_1, n_2) における $F^h(\boldsymbol{S}^h)$ の値が (4-1) 式の A_{n_1, n_2} となるわけである.(4-7)式の関数 $F^h(\boldsymbol{S}^h)$ から (4-1) 式の関数 $F(\boldsymbol{S})$ を得ることは容易である.2 次元逆格子空間中に実空間と同様に傾き α の直線 ($E_\parallel^*$) をひくと,その直線上への $\boldsymbol{d}_1^*$ と $\boldsymbol{d}_2^*$ の正射影 $\boldsymbol{d}_{1\parallel}^*, \boldsymbol{d}_{2\parallel}^*$ が $\boldsymbol{d}_{2\parallel}^* = \alpha \boldsymbol{d}_{1\parallel}^*$ をみたすので,2 次元関数 $F^h(\boldsymbol{S}^h)$ をそのまま $E_\parallel^*$ に正射影することにより 1 次元関数 $F(\boldsymbol{S})$ が得られる.このとき $\boldsymbol{d}_{1\parallel}^*, \boldsymbol{d}_{2\parallel}^*$ がそれぞれ

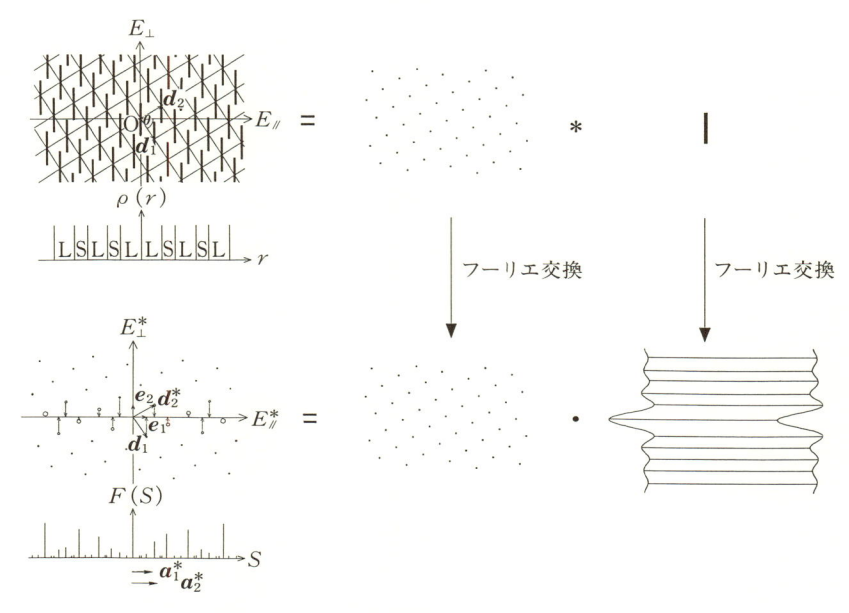

図 4-6 フィボナッチ格子のフーリエ変換の説明図.

a_1^*, a_2^* に対応する.

このようにフィボナッチ格子のフーリエ変換は,まずフィボナッチ格子を記述する2次元周期関数 $\rho^h(r^h)$ のフーリエ変換を求め,それを $E_\parallel^*$ 上に正射影することにより求まる(図4-6).ここで関数 $\rho^h(r^h)$ は,図に示すように,格子と一つの超原子のたたみこみ((2-20)〜(2-22)式および図2-8参照)だから,そのフーリエ変換はそれぞれの関数のフーリエ変換の積となる.まず2次元周期格子のフーリエ変換は図のようにやはり2次元周期格子となる.超原子のフーリエ変換は,$E_\perp^*$ 方向に $a \cdot \sin(b \cdot S_\perp)/(b \cdot S_\perp)$ の形で依存し(a, b は超原子のサイズで決まる定数,$S_\perp$ は $E_\perp^*$ 方向の座標),$E_\parallel^*$ 方向に一定な関数となる.この関数は $S_\perp$ が0に近いところで大きな値をもち,$|S_\perp|$ が増大するにつれ振動しつつ減衰する.これらの積として図のように関数 $F^h(S^h)$ が得られ,これを $E_\parallel^*$ 方向に射影することにより関数 $F(S)$ が求

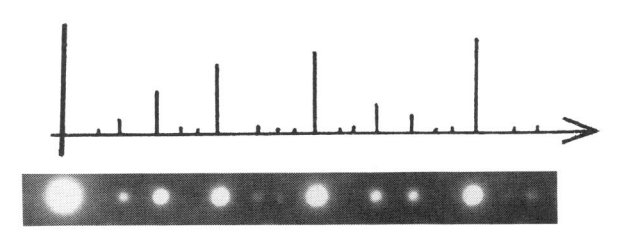

図 4-7 (上)フィボナッチ格子のフーリエ変換のスペクトル．(下)正20面体相の電子回折図形の2回軸方向の回折斑点の配列．

められる．回折実験によって測定されるのはこの関数の絶対値の2乗である．得られた関数は，図2-6で示したように，τ 倍のスケール因子の自己相似性をもつ．図4-7にこの関数と実験で得られた正20面体相の電子回折図形における2回軸方向の回折点列とを比較する．両者が定性的に一致することがわかる．

4・3 準結晶構造の特徴

さて，本節では，前節で述べたフィボナッチ格子を用いて，準結晶構造が一般的にもつ特徴をいくつか示そう．まず，図4-8(a)に示すように，直線 $E_\parallel$ が横切る正方形単位胞に番号づけをし，図4-8(b)に示すように番号 n の正方形単位胞中の直線 $E_\parallel$ の軌跡 (l_n) をある一つの単位胞中に書いていく．直線 $E_\parallel$ の傾きが無理数であるため二つの異なる整数 n_1, n_2 に対する l_{n_1} と l_{n_2} が重なることはなく，線分の集合 $\{l_n | -m < n \leq -1, 1 \leq n < m; m$ は正の整数$\}$ は m を増やしていくと単位胞中を密に均一に埋めていくことになる．この図からわかるように，高次元記述法においては，$-\infty$ から $+\infty$ の準周期構造の情報が高次元周期構造の単位胞中に折り畳まれて入っている．

このように，二つの異なる整数 n_1, n_2 に対する l_{n_1}, l_{n_2} は重なることがないため，$E_\parallel$ 上のフィボナッチ格子は並進対称性(3・2節参照)をもたないわ

(a) (b)

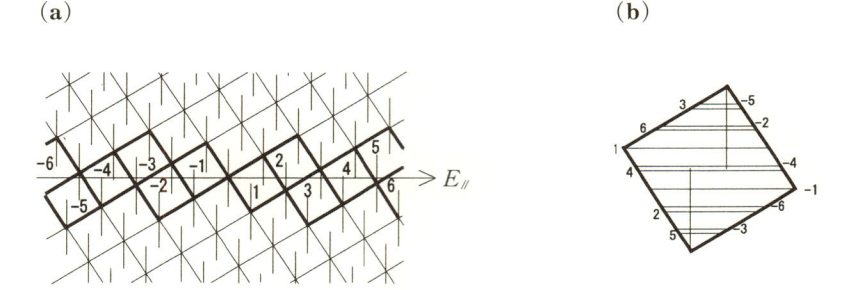

図4-8 (a)正方形単位胞の番号づけと,(b)単位胞を横切る直線 $E_{//}$ の分布.

けであるが,任意の n_1 に対して l_{n_1} の $E_\perp$ 座標にいくらでも近い $E_\perp$ 座標をもつ線分 $l_{n_2}(n_2 \neq n_1)$ を見いだすことができる.「いくらでも近い」をもう少し正確にいうと,任意の正数 ε に対して $E_\perp$ 座標の差 d_{n_1,n_2} が $d_{n_1,n_2} < \varepsilon$ をみたす整数 n_2 をみつけることができるという意味である.たとえば,図のように l_{-3} の $E_\perp$ 座標と l_5 の $E_\perp$ 座標はかなり近く,$n=-3$ の単位胞中のフィボナッチ格子点と $n=5$ のそれを重ねるような $E_{//}$ 上での並進操作は「かなりよい」対称操作となる.周期構造が厳密な並進対称性によって特徴づけられていることと対比して,このような厳密さはないが「かなりよい」並進対称性をもつフィボナッチ格子のような構造を「準」周期構造とよぶ.

つづいて,フィボナッチ格子の自己相似性について述べる.これは次のような2次元座標変換と関連している.

$$\begin{bmatrix} \bm{d}_1' \\ \bm{d}_2' \end{bmatrix} = \begin{bmatrix} 0 & 1 \\ 1 & 1 \end{bmatrix} \begin{bmatrix} \bm{d}_1 \\ \bm{d}_2 \end{bmatrix} \tag{4-8}$$

図4-9(b)に図4-9(a)の2次元構造 $\rho^h(\bm{r}^h)$ に対してこの変換を施した図を示す.ここで(4-8)式の行列が整数行列であり,この行列の行列式の絶対値が1(これは $\bm{d}_1, \bm{d}_2$ がつくる単位胞と $\bm{d}_1', \bm{d}_2'$ がつくる単位胞の面積が等しいことを示している)であることから,$\bm{d}_1, \bm{d}_2$ によってつくられる格子の格子点の集合と $\bm{d}_1', \bm{d}_2'$ によってつくられる格子の格子点の集合が一致していることがわかる.また,図からわかるように $E_{//}, E_\perp$ の基底ベクトル $\bm{e}_1, \bm{e}_2$ は

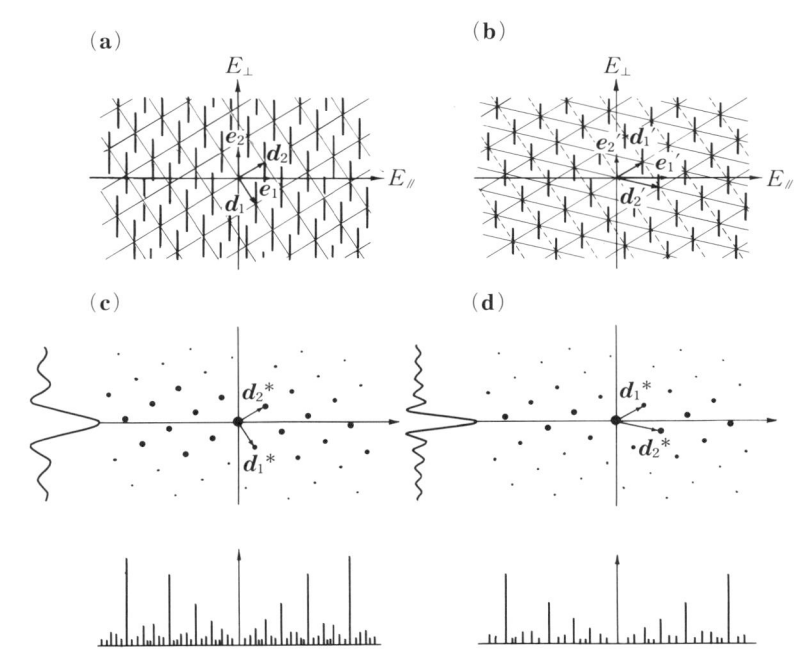

図 4-9 (b)は(a)の格子に(4-8)式の座標変換を施した格子．(c)，(d)はそれぞれ(a)，(b)格子のフーリエ変換．

d_1, d_2 を用いて $e_1=(d_1+\tau d_2)/(1+\tau^2)^{1/2}$, $e_2=(d_2-\tau d_1)/(1+\tau^2)^{1/2}$ と表せる．これらに(4-8)式の変換を施すと

$$\begin{bmatrix} e_1' \\ e_2' \end{bmatrix} = \begin{bmatrix} \tau & 0 \\ 0 & -\tau^{-1} \end{bmatrix} \begin{bmatrix} e_1 \\ e_2 \end{bmatrix} \tag{4-9}$$

となり，この変換は単に「e_1 方向に τ 倍し，e_2 方向に $-\tau^{-1}$ 倍する変換」であることがわかる．数学用語を用いて表現すると，「この変換の固有空間が $E_{/\!/}, E_\perp$ であり，それぞれ対応する固有値が $\tau, -\tau^{-1}$ である」ということになる．この変換が上のような性質をもつことから，

(ⅰ) 変換後の $E_{/\!/}$ 上の 1 次元構造が，元の $E_{/\!/}$ 上の 1 次元構造を τ 倍にスケールし直したものに相当すること，

（ⅱ）変換後の2次元関数が，単に元の2次元関数における超原子のサイズを τ^{-1} 倍したものに対応すること，

がわかる．これら2点は，フィボナッチ格子に対して $E_\parallel$ 上で τ 倍のスケール変換を施して得られる点列が元のフィボナッチ格子の点列の部分集合になっていることを示している．

同様な変換を図4-9(a)の2次元関数 $\rho^h(\boldsymbol{r}^h)$ のフーリエ変換 $F^h(\boldsymbol{S}^h)$（図4-9(c)）に対して行った図を図4-9(d)に示す．図4-6で述べたように図4-9(c)の2次元関数の $E_\parallel^*$ 上への射影がフィボナッチ格子 $\rho(\boldsymbol{r})$ のフーリエ変換 $F(\boldsymbol{S})$ に対応する．上述した(4-8)式の変換の性質から，図4-9(d)の2次元関数の $E_\parallel^*$ 上への射影は元の $F(\boldsymbol{S})$ に対して $E_\parallel^*$ 上で τ 倍のスケール変換を施した関数に対応することがわかる．図4-9(c)(d)を比較するとわかるように両者は2次元関数の $S_\perp$（$S_\perp$ は $E_\perp^*$ 方向の座標）依存性のみが異なっている．しかしながらこの依存性はいずれにしても $S_\perp$ の小さいところで大きな値をもち，$|S_\perp|$ が増大するにつれて振動しつつ減衰するという共通の性質をもつため，結局，$E_\parallel^*$ 上での関数 $F(\boldsymbol{S})$ は両者で非常によく似ているわけである．

ここで述べたような，フィボナッチ格子やそのフーリエ変換が示す一定のスケール変換(この場合は τ)に対する振る舞いを一般に自己相似性とよぶ．ただし，フィボナッチ格子やそのフーリエ変換にこのようなスケール変換を施したとき，元とまったく同じ構造が生成するわけではないので，スケール変換はこれらの構造にとって対称操作ではない．結局このような自己相似性は，(4-8)式で表されるような，次の条件をみたす変換が存在することに起因する．その条件とは，（ⅰ）高次元格子を1対1に変換する．すなわち整数行列で行列式が1または -1 である．（ⅱ）物理空間 $E_\parallel$ が固有空間であり，その固有値 λ_1 が $\lambda_1 \neq 1$ をみたす．このとき必然的にもう一つの固有空間の固有値 λ_2 も $\lambda_2 \neq 1$ である．

このように，もう一つの固有値が1でないために $E_\parallel$ 上での λ_1 倍のスケール変換が一般に対称操作とならない．後述する2次元正10角形準結晶，

4・3 準結晶構造の特徴

3次元正20面体準結晶を記述する高次元周期構造にはいずれもこのような変換が存在し，したがってこれらの準結晶はフィボナッチ格子の場合と同様に自己相似性をもつ．

固体中において電子がとる(量子力学的)状態はその固体の物理的性質の多くに大きな影響を及ぼす．一般に完全な周期系では電子は系全体に拡がった波の状態(ブロッホ状態)にあり，1次元の不規則系では有限領域に局在した状態をとることが知られている．準周期系では1次元フィボナッチ格子および後述の2次元ペンローズ格子について多くの理論研究がなされており，大部分の電子が拡がってもいないし，局在してもいない臨界状態とよばれる特殊な状態をとることが示されている．この臨界状態の発現は上述の自己相似性と密接に関係していると考えられており，この意味で自己相似性は準結晶構造がもつ性質の中で非常に重要なものであるといえる．

準周期構造においては，系全体の並進に対応するフォノンの自由度に加え，非整合な密度波の位相差に関連したフェイゾンの自由度が定義できる．このフェイゾンの自由度は準周期系に特有なものであり，準結晶の安定性の起源，種々の物性の発現機構などを理解する上で重要なものであると考えられている．

ここでこのフェイゾンについて説明するにあたり，まず Local Isomorphism Class の概念について述べる．一般に，ある二つの準周期構造 $\rho_1(r)$ と $\rho_2(r)$ が次の条件をみたすとき，それら二つの準周期構造が同じ Local Isomorphism Class(以下 L.I.クラス)に属するといわれる．すなわち，「$\rho_1(r)$ から任意の有限範囲(いくら大きくてもよい)を切り出してきたとき，それとまったく同じ構造を $\rho_2(r)$ に見いだすことができ，かつ $\rho_2(r)$ から任意の有限範囲を切り出してきたとき，やはりそれとまったく同じ構造を $\rho_1(r)$ に見いだすことができる」．

少しややこしいので単純な1次元準周期関数

$$\rho(r) = \cos(2\pi r) + \cos(2\pi \tau r) \quad (\tau = (1+\sqrt{5})/2)$$

を用いて具体的にこの概念を説明しよう．この関数において $r=0,1,2,3,$

…, n, …，すなわち前の cos 関数の位相が 0 である点におけるうしろの cos 関数の位相を $\alpha(n)$ とおくと，$\alpha(0)=0, \alpha(1)=\tau-1=0.618\cdots, \alpha(2)=2\tau-3=0.236\cdots$ などとなり，これらは 0 から 1 までの領域を密に均一に埋めていく．これは図 4-8(b) において直線 $E_{\parallel}$ の軌跡 l_n が単位胞を密に均一に埋めていくことに対応する．ここで注意したいことは，実数の集合 $\{\alpha(n)\}$ が 0 から 1 の実数全体と 1 対 1 に対応するわけではないということである．たとえば，いかなる整数 n に対しても $\alpha(n)=1/2$ とはなりえない．いま，たとえば

$$\rho_1(r)=\cos(2\pi r)+\cos(2\pi\tau r),$$
$$\rho_2(r)=\cos(2\pi r)+\cos(2\pi\{\tau r-\alpha(2)\})$$

とおくと，これら 2 関数は $\rho_1(r)=\rho_2(r-2)$ の関係にあり，有限距離の並進移動によって完全に(無限遠方まで)重ねることができるという意味で二つの構造は同一のものである．このような同一な二つの構造は，当然上記の定義をみたし，したがって同じ L.I. クラスに属する．このように有限距離の並進移動で完全に二つの関数が重なる場合以外に，たとえば

$$\rho_1(r)=\cos(2\pi r)+\cos(2\pi\tau r),$$
$$\rho_2(r)=\cos(2\pi r)+\cos(2\pi(\tau r-1/2))$$

の 2 関数はやはり上記定義をみたし，したがって同じ L.I. クラスに属する．ここでいかなる整数 n に対しても $\alpha(n)=1/2$ とはなりえないので上記 2 関数が完全には同一でないことに注目されたい．しかしながら図 4-8 で議論したように，適当に整数 n を選ぶことで $|\alpha(n)-1/2|$ をいくらでも 0 に近づけることができるため，適当な並進移動で任意の有限範囲を重ねることができ，このような 2 関数が上記 L.I. クラスの定義をみたすことがわかる．定義からわかるように同じ L.I. クラスに属する一連の準周期構造は有限な長さのスケールでみる限り同一であり，したがって物理的に区別がつかない．それらの系のエネルギーは等しく，また回折強度関数も同一である．

上記の関数 $\rho(r)$ と同じ L.I. クラスに属する関数全体は

$$\rho_{a,b}(r)=\cos(2\pi r+a)+\cos(2\pi\tau r+b) \quad (a, b \text{ は任意の実数})$$

とかける．いま $u=-a/(2\pi), w=b-a\tau$ なる変数変換を行うと

4・3 準結晶構造の特徴

$$\rho_{u,w}(r)=\cos(2\pi(r-u))+\cos(2\pi\tau(r-u)+w)$$

とかけ，u は関数全体の座標軸 r 方向への並進移動，w は二つの cos 関数の位相差に対応する．このとき，u,w をそれぞれフォノン変位，フェイゾン変位とよぶ．前者は周期系にも存在する自由度であり，後者は準周期系特有のものである．さらに変位 u,w が r に依存して変化するとき，その勾配 $du(r)/dr, dw(r)/dr$ をそれぞれフォノン歪(これは，通常の歪)，フェイゾン歪とよぶ．

フォノン変位，フェイゾン変位は高次元記述法の枠組みでは図 4-10 のように記述される．図 4-10(a)のフィボナッチ格子と同じ L.I. クラスに属する構造全体は，図 4-10(b)に示すような物理空間 $E_\parallel$ の原点に対する 2 次元周期格子の相対的な変位を表すベクトル $\boldsymbol{U}$ によってパラメータづけされる．いま変位ベクトル $\boldsymbol{U}$ を $E_\parallel$ に平行な成分 $\boldsymbol{u}$ と $E_\parallel$ に垂直な成分 $\boldsymbol{w}$ に分ける．$\boldsymbol{u}$ は図 4-10(c)に示すように $E_\parallel$ 上での構造全体の平行移動を生じ，フォノン変位に対応する．これに対し $\boldsymbol{w}$ は図 4-10(d)に示すように二つの

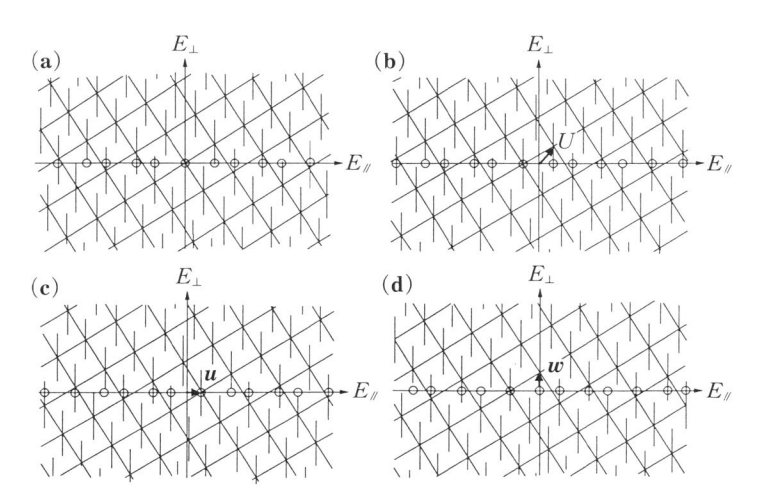

図 4-10 準結晶格子(a)にフォノン変位とフェイゾン変位の両方を導入した構造(b)，フォノン変位のみ(c)，フェイゾン変位のみ(d)を導入した構造．

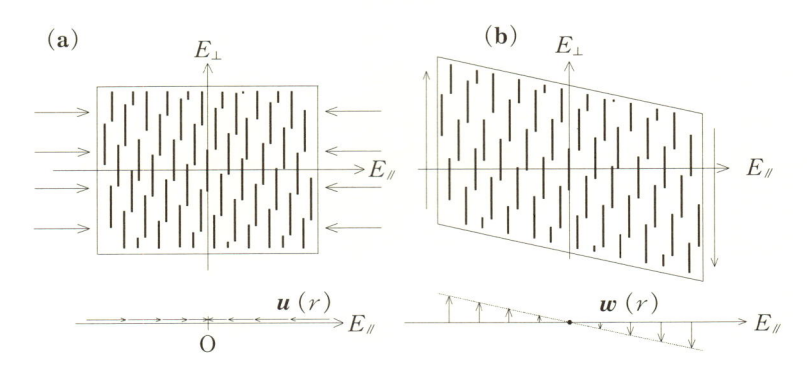

図 4-11 （a）フォノン歪と，（b）フェイゾン歪の例．

間隔 L, S の並べ替えを生じ，これがフェイゾン変位に対応する．さらに図 4-11(a)(b) に示すように，$E_\parallel$ 上の位置ベクトル r に依存して変化する u または w を与えることにより，それぞれフォノン歪，フェイゾン歪を導入することができる．ここで導入した歪 $\partial u/\partial r, \partial w/\partial r$ は，下図に示した u, w の r 依存性からわかるように両者とも位置によらず一定である．前者は結晶の静的な弾性歪に対応し，後者はリニアフェイゾン歪とよばれる．

図 4-11(b) からわかるようにリニアフェイゾン歪が導入された構造に対しては，2次元格子に対する物理空間 $E_\parallel$ の傾きが元の τ から変化する．この傾きが有理数になったとき $E_\parallel$ 上に得られる構造は周期構造となる．そのような周期構造の結晶は元の準周期構造（準結晶）の近似結晶とよばれる．実際の3次元の準結晶を生成する合金系でもこのような近似結晶が存在し，熱力学的な条件の変化による準結晶-近似結晶相転移がしばしば観察される．近似結晶には，有理数の τ に対する近似の程度により，準結晶にごく近い構造をもった周期の長いものから準結晶構造と遠く離れた周期の短いものまでさまざまなものが存在する．これら一連の近似結晶に関する研究は準結晶の構造や物性を理解する上で重要な知見を与える．

図 4-3 に示したように正10角形準結晶，正20面体準結晶はそれぞれ5本

および6本の逆格子基本ベクトルをもつ．したがって(4-1)式〜(4-6)式の考察をそのままあてはめることで，これらの構造が5次元および6次元の周期構造の断面として記述できることがわかる．正10角形準結晶の10回軸垂直面の構造である2次元正10角形準結晶の構造は4本の逆格子基本ベクトルをもち，したがって4次元周期構造の断面として記述できる．前に1次元フィボナッチ格子を用いて行った準周期構造の種々の性質の説明は，そのままこのような2次元，3次元の準結晶にもあてはまる．

2次元正10角形準結晶構造のよく知られた例として2次元ペンローズ格子がある．これは図4-12(a)に示すように，頂角が$(\pi/5, 4\pi/5)$と$(2\pi/5,$

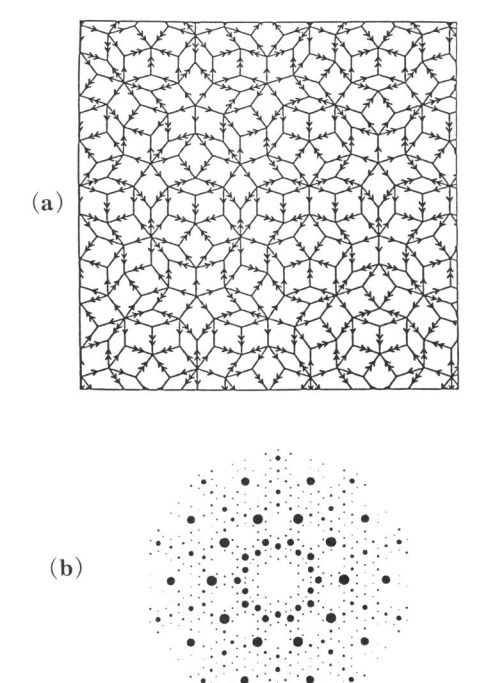

図4-12 (a)ペンローズ格子と，(b)その回折図形．

$3\pi/5$) の 2 種類の菱形(やせた菱形，太った菱形とよぶことにする)からなるタイリング構造をもつ．図 4-12(b)にペンローズ格子の各格子点に等しい大きさの δ 関数をおいて計算した回折図形を示す．これは δ 関数のセットからなり，完全な 10 回対称性をもっている．この回折図形は，現実の正 20 面体準結晶の 5 回軸入射の電子回折図形，正 10 角形準結晶の 10 回軸入射の回折図形と定性的に一致し，この意味で 2 次元ペンローズ格子はそれら現実の準結晶の構造を考える上での基礎となる．

フィボナッチ格子が図 4-5 に示したような変換操作の繰り返しで生成できるように，2 次元ペンローズ格子も図 4-13 に示すような変換操作で生成できる．これは，たとえば太った菱形一つを第 1 世代とし，図に示す方法でこれを分割したのち(このとき図のように元の図形をはみだしてもよい)，黄金比 τ 倍する．この操作で元と同じスケールの太った菱形 3 個とやせた菱形 2 個からなるパターンが生成し，これを第 2 世代とする．この第 2 世代の各菱形に対して同様な分割を施し，再び τ 倍して第 3 世代とする．これを無限回繰り返した極限として得られる構造が 2 次元ペンローズ格子となる．なお，この場合分割の仕方に方向性があるため，単なる分割法のみでは各世代での変換が一意に定まらない．そこで図のように各辺に矢印をつけ，その矢

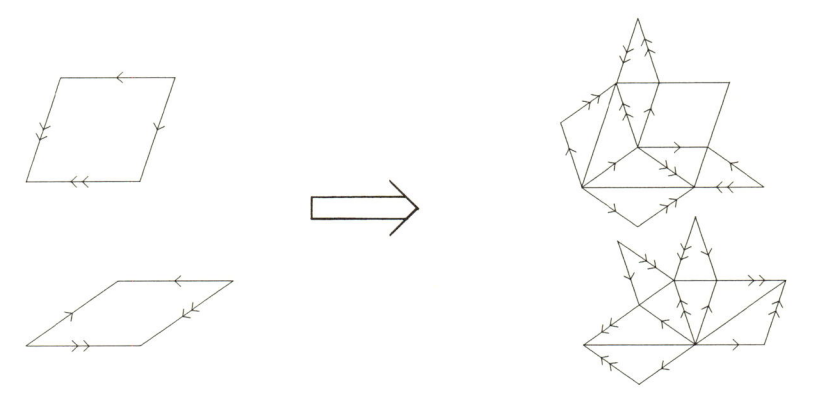

図 4-13 ペンローズ格子を作成する変換操作．

印が一致するような向きに分割を行うというルールを定める．これを適合則とよぶ．

2次元ペンローズ格子は，このような変換操作で生成されることからわかるように，フィボナッチ格子と同様な自己相似性をもつ．実際，前述したように2次元ペンローズ格子を生成する4次元周期格子に(4-8)式のような座標変換が存在し，図4-9でフィボナッチ格子に対して行った考察の結果が，そのまま2次元ペンローズ格子にもあてはまる．

3次元正20面体準結晶構造の代表的なものに3次元ペンローズ格子がある．これは図4-14に示す2種類の菱面体によるパッキング構造をもつ．この構造は1次元フィボナッチ格子，2次元ペンローズ格子と同様に自己相似性をもつ．この構造の各格子点に等しい大きさのδ関数をおいて計算した回折図形は現実の正20面体準結晶の回折図形と定性的に一致し，したがって3次元ペンローズ格子は現実の正20面体準結晶の構造を考える基礎を提供している．

本節の最後に次の点を付記しておく．それは準周期構造は準結晶特有のものではないということである．実際ある種の結晶において，その結晶の周期の無理数倍の周期の変調（原子位置の変調または濃度の変調など）が加わった

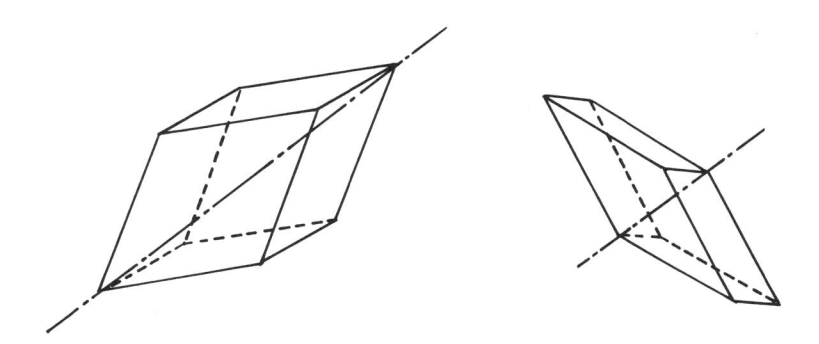

図4-14 3次元ペンローズ格子を構成する2種類の菱面体．左は立方体を対角線方向に伸ばした扁長菱面体，右は対角線方向に縮めた扁平菱面体．

ような構造をとるものがあり，このような結晶相は非整合相とよばれる．その構造は4・2節冒頭の(1)(2)の条件をみたし，したがって準周期構造の一種である．このように準結晶と非整合相はどちらも準周期構造をもつわけだが，我々は4番目に挙げた回転対称性の条件により両者を明確に区別することができる．非整合相の回転対称性は結晶のそれと等しい．

ここで強調したい点は準結晶における準周期性が「結晶に許されない回転対称性」と密接に関係していることである．実際，図4-3からわかるように準結晶の準周期性を生むτなどの非整合な長さの比は5回対称，10回対称などの回転対称性の図形的な制限から決まっている．非整合相ではこのような制限はなく，非整合相における非整合な長さの比は温度，圧力等の熱力学的な条件で回転対称性を変えることなく連続的に変化しうるのに対し，準結晶においては，このような非整合な長さの比の変化は必ず回転対称性の変化をともない，それは，異なる相への相転移を意味する．

4・4　準結晶の種類

4・1節で述べたように準結晶は最初にAl-Mn急冷合金中に見つかった．その後の研究でさまざまな金属合金で準結晶が見いだされ，その数は現在までに70を越えている．特に注目すべきは，多くの合金系で熱力学的に安定な準結晶が見いだされていることである．そのような合金系において，融点直下で焼鈍するなどの方法で作製した準結晶相の回折強度関数$I(S)$は，実験精度の範囲内で完全に4・2節冒頭で述べた準結晶の定義をみたすことが示されている．また，結晶の場合と同様に融液状態から徐冷するなどの方法により，数mmから数cmのサイズの準結晶の単結晶(単準結晶)も作製されている．いずれにしてもこのような熱力学的に安定な準結晶が数多く見つかったことにより，準結晶が物質科学において確固たる地位を築くに至ったのである．

表4-1に現在までに見いだされている主な準結晶合金を示す．ここで各合

4・4 準結晶の種類

表 4-1 主な準結晶合金. 下線を付した合金は安定相, 他は準安定相.

相			合金
正20面体相	MI型	P型	Al_4Mn, $Al_{72}Mn_{20}Si_8$, $Al_{72}V_{20}Si_8$, $Al_{84}Cr_{16}$, $Al_{40}Mn_{25}Cu_{10}Ge_{25}$, $Pd_{60}U_{20}Si_{20}$
		F型	$\underline{Al_{65}Cu_{20}Fe_{15}}$, $\underline{Al_{65}Cu_{20}Ru_{15}}$, $\underline{Al_{65}Cu_{20}Os_{15}}$, $\underline{Al_{70}Pd_{20}Mn_{10}}$, $\underline{Al_{70}Pd_{20}Re_{10}}$
	RT型	P型	$\underline{Al_5Li_3Cu}$, $\underline{Ga_{10}Mg_{18}Zn_{21}}$, $\underline{Mg_{45}Pd_{14}Al_{41}}$, Al_6Li_3Au, $Al_{50}Mg_{35}Ag_{15}$
		F型	$\underline{Zn_{56}Mg_{36}Y_8}$, $\underline{Zn_{56}Mg_{36}Gd_8}$, Al–Li–Mg
正10角形相			Al_4Mn, Al–Fe, Al–Pd, $\underline{Al_{70}Ni_{15}Co_{15}}$, $\underline{Al_{65}Cu_{20}Co_{15}}$, $\underline{Al_{75}Pd_{15}Fe_{10}}$, $\underline{Al_{70}Mn_{17}Pd_{13}}$
正8角形相			$Cr_{71}Ni_{29}$, $V_{15}Ni_{10}Si$
正12角形相			$Cr_5Ni_3Si_2$, $V_{15}Ni_{10}Si$

金組成はあまり厳密なものではなく, 多くの合金系でここに示した組成のまわりの適当な範囲の組成領域で準結晶相が生成する. まず, これら準結晶合金は構造の対称性から正20面体相, 正10角形相, 正8角形相, 正12角形相に分類される. 正20面体相以外の三つの相は, それぞれの対称性の2次元的な準結晶構造がその面の垂直方向に周期的に積層した構造をもつので, しばしば2次元準結晶とよばれる. 正20面体相と正10角形相については多くの安定相が見いだされており, 他の二つの相と比べて格段に多くの研究がなされている.

現在までに見いだされている正20面体相は, 回折ピークの強度比の違いからMI型とRT型[*2]の二つに分類される. 次節で述べるように, 正20面体相の構造は数10個の原子からなる正20面体対称性をもった原子クラスタ

[*2] この型の正20面体相の近似結晶にフランク-カスパー(Frank-Kasper)相とよばれる結晶相があるためFK型ともよばれる.

ーが3次元的に準周期的に配列した構造をもつと考えられており，MI (Mackay Icosahedron) と RT (Rhombic Triacontahedron) はその基本となる原子クラスターの名前である．これらの二つの型は，さらに高次元記述法における6次元周期構造のブラベー格子(3・3節)の違いからP型，F型に分けられる．

図4-15にMI型P型，MI型F型，RT型P型の各正20面体相の粉末X

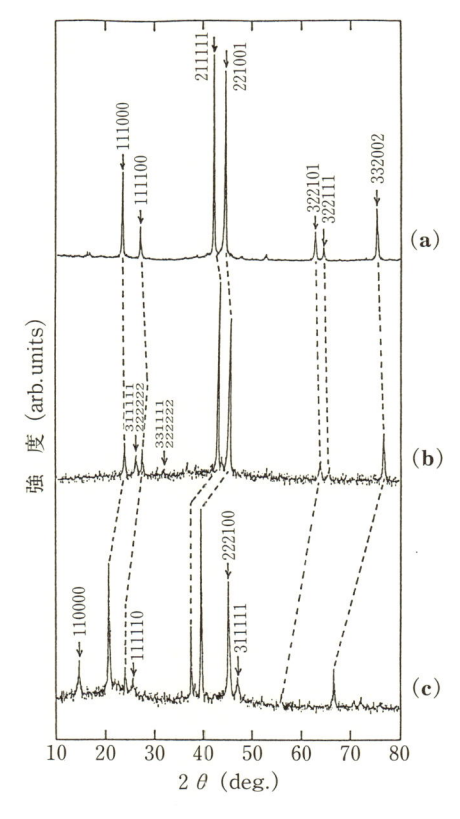

図4-15 粉末X線回折スペクトルの例．(a) MI型P型正20面体相，(b) MI型F型正20面体相，(c) RT型P型正20面体相．

線回折スペクトルの例を示す．正20面体準結晶の逆格子基本ベクトルは6本あり，したがって各回折ピークには6次元の指数がつけられる．図4-15(c)のRT型P型の正20面体相の回折ピークの強度比は，(a)(b)のMI型正20面体相における強度比と顕著に異なっている．たとえば(c)において比較的強度の大きい110000, 222100, 311111 ピークは(a)(b)においては極めて弱くほとんど見えない．MI型P型の正20面体相とMI型F型の正20面体相は，後者にみられる半整数指数をもつピークを除いてほぼ同一の回折スペクトルを示している．これは通常の結晶における規則相-不規則相の関係になっており，MI型F型正20面体相の構造はMI型P型の構造にある種の規則格子秩序を導入したものと解釈できる．この場合の規則格子秩序は，3次元立方晶における単純立方格子から格子定数が2倍のNaCl構造(これのブラベー格子はF型)の秩序化と類似している．RT型のP型とF型の関係も同様である(巻末の改訂新版付録参照)．

　正10角形相の10回軸方向の周期は合金系により異なり，現在までに約4Å，8Å，12Å，16Åのものが見いだされている．これらは約2Åの間隔の積層構造をもっており，層の積み重なり方の違いで種々の周期の構造が生じていると考えられている．

4・5　準結晶の原子配列

　本節では前節で示したさまざまな準結晶合金の実際の原子配列がどうなっているかについて述べる．4・2節で述べたように，これら準結晶の構造は高次元周期構造の断面の形で記述される(図4-4(b)参照)．高次元周期格子自体は正20面体対称，正10角形対称などの点群対称性と基本ベクトルの大きさで決まり，これらは回折データから容易に求まる．あと我々のやるべきことは，個々の合金系に対してそれらの格子のどこにどういう形の超原子をおくかという原子修飾の仕方を決定することである．

　4・2節で示したように，回折実験によって得られる情報は求めるべき高

次元周期構造のフーリエ変換の絶対値の情報である．2・4節で述べたように，このような回折データから高次元周期構造を求めるプロセスには原理的には通常の結晶構造解析の手法がそのまま適用できるはずである．しかしながら，次元が大きくなっているために決めるべきパラメータの数は結晶の場合と比べて断然多くなっており，回折データのみから超原子の位置や形を一意に決定することは困難である．

そこで，2・5節で述べたような実空間構造を直接観察する方法を併用することが重要となる．特に，これまでの研究では高分解能電顕法が有効に使われてきた．これらの準結晶の実験データ以外にも，通常の結晶構造解析法で決定されている近似結晶の構造が準結晶の原子配列決定に重要な役割を果たしている．これら近似結晶の構造は，多くの場合，正20面体対称性や正10角形対称性をもった原子クラスターの周期配列とみなすことができるので，準結晶も同じ原子クラスターが準周期的に配列した構造をもつと推定される．このような仮定で作製した原子配列モデルがしばしば実験データを精度よく再現する．

まず正20面体相の原子配列について述べる．前節で示したように正20面体相は MI 型，RT 型の二つに分けられる．MI 型正20面体相の一つに $Al_{74}Si_6Mn_{20}$ があり，その近似結晶相として α-AlSiMn 相が知られている．

これは単位胞内に138個の原子を有する格子定数 $a=12.6$ Å の立方晶であり，その構造は図4-16(a)に示す Mackay Icosahedron とよばれる正20面体対称性をもった原子クラスターが bcc(3・3節参照)に配列し，クラスター間の隙間を若干数の原子(のりづけ原子とよばれる)が埋めた構造である．この構造の格子定数および多くの原子位置が，一辺約 4.6 Å の菱面体単位胞からなる3次元ペンローズ格子の一つの近似結晶における格子定数および原子位置とよく一致し，したがって α-AlSiMn 相が Al-Si-Mn 正20面体準結晶の近似結晶であると結論できる．この近似結晶は，3次元ペンローズ格子の直交する3つの2回軸方向の非整合な基本長さの比 τ をすべて有理数1で置き換えることで生成する立方晶の近似結晶である．

4・5 準結晶の原子配列

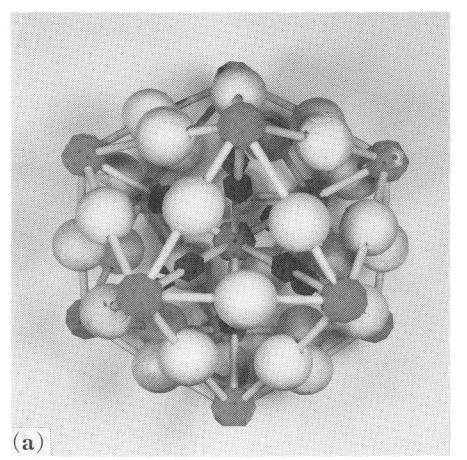

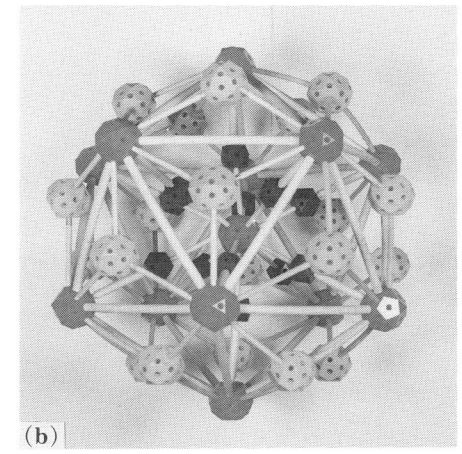

図 4-16 (a) MI 型クラスターと, (b) RT 型クラスター.

　Mackay Icosahedron は, 中心が空孔でそのまわりをまず 12 個の Al (または Si) 原子が正 20 面体をつくり, その外側に中心と第 1 層の 12 個の原子を結ぶ線の延長上に 12 個の Mn 原子が配位し, その 12 個の Mn 原子の隣接する 2 個の原子の間に 1 個ずつ合計 30 個の Al (または Si) 原子が配位してできた総計 54 個の原子クラスターである.

　このクラスターを 3 次元ペンローズ格子の 12 本の辺が集まる対称性の高い頂点位置においていき, その間を適当にのりづけ原子で埋めた構造モデルがつくられている. このモデルは正 20 面体対称性をもった原子クラスターを正 20 面体対称性をもった格子構造に埋め込んだ構造をもつため, 構造全体の正 20 面体対称性が保たれるわけである. このようなモデルに対応する複雑な形の高次元周期構造中の 3 次元超原子も求められており, これから 4・2 節で示した方法を用いて計算される回折強度関数が, 実験から得られる MI 型 P 型の正 20 面体相の回折データをよく再現することが示されている.

　RT 型では, Mg–Zn–Al 系, Al–Li–Cu 系において α-AlSiMn 相と同じ近

似度の立方晶の近似結晶が存在することが知られている．これらの近似結晶は，図4-16(b)に示す正20面体対称原子クラスターが同じくbcc配列した構造をもつ．このクラスターは，中心がMg-Zn-Al系ではAl原子，Al-Li-Cu系では空孔であり，そのまわりにAlまたはZn(Mg-Zn-Al系)，AlまたはCu(Al-Li-Cu系)が12原子正20面体を構成してこれが第1層を形成する．その外側に第1層の正20面体の各面の中心の部分に20個のMg原子(Mg-Zn-Al系)またはLi原子(Al-Li-Cu系)が配位して正12面体を構成し，さらにこの第2層の正12面体の各面の中心に12個のAlまたはZn(Mg-Zn-Al系)，AlまたはCu(Al-Li-Cu系)が配位して第3層の正20面体を形成する．この合計45(または44)原子からなるクラスターは，第2層と第3層の原子を結ぶと菱形30面体(Rhombic Triacontahedron)とよばれる形となるためRTクラスターとよばれる．

このクラスターをやはり3次元ペンローズ格子の12本の辺が集まる対称性の高い頂点位置に置いていき，その間を適当にのりづけ原子で埋めることでRT型の準結晶の構造モデルがつくられている．このモデルを再現するように決められた高次元構造を用いて計算される回折強度関数が，実験から得られるRT型P型の正20面体相の回折データをよく再現することが示されている．

F型正20面体相の直接の近似結晶に対応する構造既知の結晶相は，いまのところ知られていない．しかしながら，F型の正20面体相の構造がP型の構造に規則格子秩序を導入したものと見なせるという事実を考慮して，F型の構造モデルがつくられている．まず正20面体準結晶構造を記述するために用いられる6次元格子点の集合 $\{(n_1, n_2, n_3, n_4, n_5, n_6)\}$ をその指数の和が偶数の格子点と奇数の格子点の2グループに分ける．

これは，3次元立方格子のNaCl構造(図3-9)におけるNaサイトとClサイトの区別と類似している．P型の構造モデルにおける正20面体対称原子クラスターは，その中心点に対応する6次元格子点が属するグループによって2種類に分けることができ，その2種類のクラスターに異なる原子配列

4・5 準結晶の原子配列　　　　　　　　　　　　　115

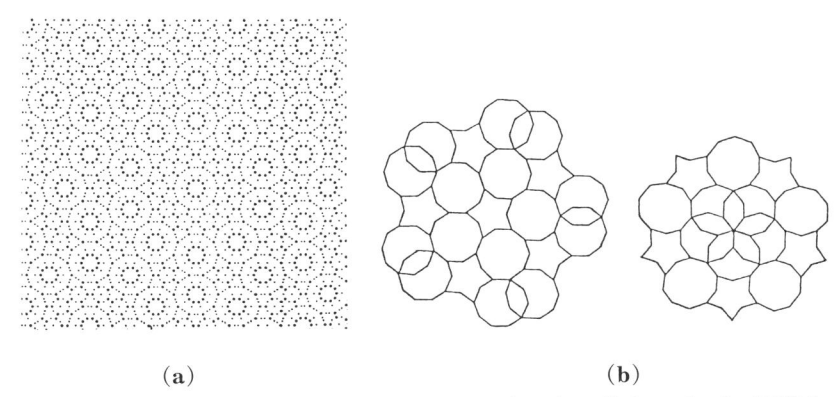

図 4-17 （a）Burkov によって提案された正 10 角形相の構造モデル（2 層構造の 10 回軸方向への射影構造），（b）（a）の構造を生成する 2 次元超原子の形．

を課すことで規則格子秩序が導入される．

前節で述べたように正 10 角形相には，10 回軸方向の周期が約 4Å，8Å，12Å，16Å のものが報告されており，それぞれに対して多くの構造モデルがつくられている．近似結晶としては，8Å 周期の単斜晶 $Al_{13}Fe_4$ 相および単斜晶 $Al_{13}Co_4$ 相，16Å 周期の斜方晶 Al_3Mn 相などが知られている．

いくつかの構造モデルは，正 20 面体相の場合と同様に，このような近似結晶相の構造にみられる 5 回または 10 回対称性をもつ柱状の原子クラスターを 2 次元ペンローズ格子などの準周期パターン上に配することで作製されている．しかしながら，このような原子クラスターが高分解能電顕法で観察されている原子クラスターの像を必ずしも再現しないことが示されている．そこで，高分解能電顕像に基づいた構造モデルが提出されている．

例として，Burkov によって提出された，Al-Cu-Co 系および Al-Ni-Co 系正 10 角形相の構造モデルの 10 回軸射影構造および対応する 2 次元超原子を，それぞれ図 4-17（a）（b）に示す．この構造モデルが 10 回対称原子クラスターの配列構造から成り立っていることがわかる．

4・6 準結晶の安定性

準結晶発見以前には，固体の安定平衡状態は必ず結晶，すなわち周期構造物質であると思われてきた．ところが4・4節で述べたように，多くの準結晶合金が安定平衡状態として存在することが実験的に確かめられ，この常識が誤りであることが判明した．本節の主題は，前節までに説明してきたような新しいタイプの秩序構造を有する準結晶が安定平衡状態として存在しうる物理的起源は何か，について述べることである．ただし，現状ではこの問題に関して確固たる結論が得られているわけではない．したがって，ここではこれまでに出されているいくつかの考え方をかいつまんで説明しようと思う．

熱力学の原理として知られているように，ある温度での固体の安定状態は次式のヘルムホルツの自由エネルギー F を最小にする状態として決まる．

$$F = U - TS \tag{4-10}$$

ここで U は系の内部エネルギー，S はエントロピーであり，右辺第1項，第2項はそれぞれエネルギー項，エントロピー項とよばれる．この式からわかるように，F を小さくするには U は小さいほどよく，S は逆に大きいほどよい．これら二つは通常両立せず，U の小さい相は一般に S が小さく，逆に S が大きい相は U も大きい．

この相反する項の「比重」は温度 T によって決まる．T が小さいときにはエネルギー項の重要性が相対的に増し，U を小さくすることが F を下げるのに有効となり，逆に T が大きいときには，エントロピー項の重要性が増し，S を大きくすることが F を下げるのに有効となる．準結晶の安定性の起源についての考え方も，安定性を主にどちらの効果に帰するかにより二つに大別できる．つまり，一つは準結晶が結晶構造に比べて内部エネルギーが低いために安定であるとするもので，もう一つはエントロピーが大きいために安定であるとするものである．

前者の考え方の例の一つは，ある種の典型的な準結晶構造，たとえば2次

元ペンローズ格子が図4-12(a)に示したような適合則をみたすようなタイリング構造をもつことに基づいている．すなわち，実際の準結晶の原子配列がペンローズ格子に適当な原子修飾を施したものであり，各原子間の短距離の相互作用エネルギーがペンローズ格子の適合則に合うような場合に最も低くなると仮定し，全体で完全に適合則がみたされている構造，すなわち準結晶構造が最もエネルギーが低い状態となるという考え方である．しかし，実際の系でどのような原子間相互作用があれば準結晶構造が安定になるのかなど，具体的な議論はほとんどされていない．

準結晶がエネルギー的に安定であるとする考え方の一つに準結晶がヒューム-ロザリー化合物(1・2節参照)の一種であるという見方がある．

すなわち，系が準結晶構造をとったときに，フェルミ面がジョーンズ領域[*3]境界に接し，それによる電子系のエネルギーの利得によって準結晶構造が安定となるという説である．実際に理論計算や，低温比熱の測定，光電子分光の実験などにより多くの準結晶合金のフェルミ面近傍に電子状態密度のくぼみ(擬ギャップ)が観測され，この機構が働いていることが示されている．このとき，準結晶がもつ正20面体対称などの高い対称性はフェルミ球とジョーンズ領域境界との接触面積を増やすという意味で結晶構造に比べて有利に働く．

準結晶がエントロピー的に安定であるとする説の一つにランダムタイリング・モデルがある．

[*3] 結晶において逆格子空間の原点と各逆格子点の2等分面がブリルアン領域境界となる．このとき，その境界で電子のエネルギーレベルの分裂が生じ，その大きさは近似的にポテンシャル場$\rho(r)$のフーリエ変換のその逆格子点での値$|F(\boldsymbol{G})|$((2-8)式)に比例する．大きなエネルギーギャップの境界で囲まれたブリルアン領域を特にジョーンズ領域とよぶ．周期性がない準結晶においても，前節までに示したように強いブラッグ回折を示す逆格子点は離散的に存在し，そのような逆格子点を使ってつくった領域を広義のジョーンズ領域と定義する．

これは，実際の準結晶物質の構造が図4-12(a)に示した適合則をみたす2次元ペンローズ格子のようなきっちりした構造ではなく，タイルの重なりや，隙間が生じない範囲で，2種類のタイルの再配列(これはフェイゾン変位のゆらぎと見なせる)が自由にできるような構造であるとする．すなわち，可能なタイルの配列のすべてがエネルギー的に(ほぼ)縮退していると仮定する．このとき系は配列の場合の数に関連したエントロピーが最大となる状態にむかうが，その状態が全体として10回対称などの結晶に許されない回転対称性をもつ状態(ランダムタイリング準結晶)であるというわけである．

　このモデルは，準結晶がエントロピーの効果で安定化する高温相であることを主張するのであるが，実際にAl-Cu-Fe系で高温相の正20面体準結晶相が600°C付近で低温相の近似結晶相へ変態することが報告され，このモデルの一つのよりどころとされている．また，この系の正20面体相の回折ピーク強度の測定から求めたフェイゾンの弾性定数の温度変化がランダムタイリングから予想されるものと定性的に一致することが示されている．しかし現状では，このような現象がその他の系の準結晶でも観測されているわけではなく，現実の準結晶がランダムタイリング・モデルで記述されるようなものであるかどうかを明らかにするためには，さらに実験データを蓄積する必要がある．

第 5 章 アモルファス固体

5・1 序

　古くからアモルファス固体の代表としてよく知られている物質は，透明ないわゆる「ガラス」である．

　第1章で述べたように，本書ではガラス状態という言葉は高温状態から冷却する過程で得られる準安定状態という熱力学的用語として用いるので，ここでは，いわゆるガラスを珪酸塩ガラスとよぶ．珪酸塩ガラスは天然にも産出するので太古から知られていて，珍重されてきた．また，比較的容易に人工的にもつくることができるので，ガラス器具は数千年昔から人類が利用してきた．すでに述べたように，珪酸塩ガラスは，SiO_4という4面体の単位の頂点を占める酸素原子が，隣の4面体の頂点を共有する形で，無秩序につながって空間を埋めつくしている構造である．このように秩序性をもたない構造の固体をアモルファス固体，または非晶質固体とよぶ．

　アモルファス固体はすべて非平衡状態にある．すなわち，気体または液体の状態から固体になる過程で，結晶のような安定な状態に達することができないうちに構造が凍結されてしまった状態である．構造が凍結されてしまうのは，室温では一般に固体中の原子の動きが極めて遅いために，状態を変えることができないからである．構造が凍結された状態の生成過程にはいろいろな場合があるが，最も一般的なのは急冷過程である．高温の液体状態から急速に温度を下げると，室温での安定な構造(通常は結晶)に変わることができずに，過冷却された液体がそのまま凍結してしまうことが起こりうる．その

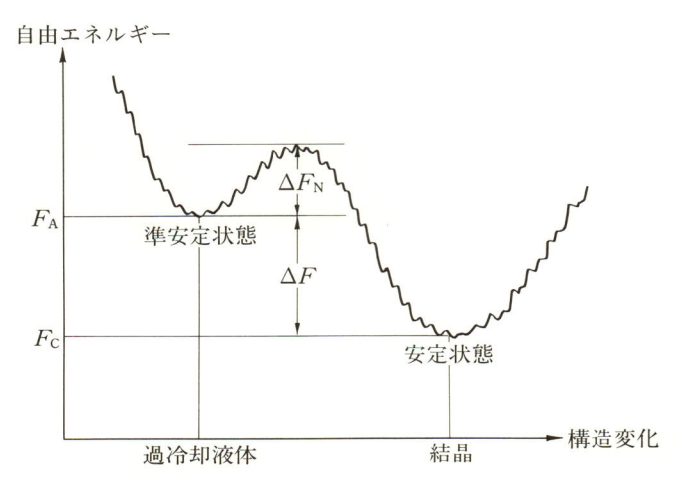

図5-1 固体の構造変化と自由エネルギーの関係を表す模式図.

ような過程で生成したアモルファスをガラスとよぶことはすでに述べた.

図5-1は，横軸がその系の構造変化を表し，縦軸はそれぞれの構造に対応する自由エネルギーの値を表した自由エネルギー曲線（温度は一定）の模式図である．小さな山は局所的な原子構造変化にともなう小さなエネルギー変化を表している．準安定状態から安定状態に移行するには，このような小さなエネルギー障壁を越えるだけでなく，ΔF_N で示した大きなエネルギー障壁を越えなければならない．これは通常，核形成エネルギーとよばれるものに相当し，この値の大きさが準安定状態から安定状態への移行のしやすさを支配する．珪酸塩ガラスのように，液体状態でも原子同士が共有結合で結びついている場合や，高分子のように溶融状態でも大きな分子を形成している場合には，結晶の核形成が起こりにくく，その結果大きな過冷却が生じやすい．室温まで過冷却温度が下がることによってガラス状態が得られるのである．

過冷却の程度は試料の冷却速度が大きいほど大きくなる．それは，核形成には時間が必要だからである．金属のように核形成が比較的容易な物質で

5・1 序

も，超急冷することによって室温近くまで過冷却状態を実現することが可能であり，実際多くの合金で「金属ガラス」とよばれる物質が得られる．

アモルファス状態は溶液からの急冷法(液体急冷法)以外の方法でも得られる．その代表的な方法が蒸着法である．真空中で材料を蒸発させ，気化した物質を基板上に付着させる．気化した状態では原子または分子の状態なので，蒸着したのちに原子または分子が再配列できなければアモルファスの状態になる．蒸着法は気体状態から急冷されて固化するので，液体急冷法に対して気体急冷法とよばれることがある．

蒸着源の物質がそのまま薄い膜を構成する通常の蒸着法を物理蒸着法といい，化学蒸着法(CVD)と区別する．化学蒸着法というのは，気体反応の結果生成する反応物質を基板上に付着させる方法で，化合物の薄膜作成には多くの場合この方法が用いられる．アモルファスシリコンも，シラン(SiH_4)という気体が分解して生成する Si 原子を蒸着させて作成する．

また，スパッタリング法とよばれる方法も，特に高融点，低蒸気圧の物質の薄膜作成に用いられる．この方法は，イオン化した不活性ガス(アルゴンなど)に高電圧をかけてターゲットに高速で衝突させ，その運動エネルギーによってターゲットを構成する原子をはじき飛ばし，基板上に付着させる方法である．高速イオンの代わりに，強力なレーザーでターゲットを照射し，そのエネルギーで原子をはじき飛ばす方法も用いられる．この方法をレーザーアブレーション法という．これらも物理蒸着法に属する方法である．

以上は気体急冷法によるアモルファス物質の作成法であるが，そのほかに，電解液から電着によって金属イオンを基板上に付着させる，いわゆるメッキ法によってもアモルファス金属が生成することがある．また，特殊な例に，結晶に粒子線を照射して多量の照射欠陥を導入することによって結晶が最終的にアモルファス状態に変わる現象がある．超高圧電子顕微鏡中で，電子線照射によって結晶がアモルファス化する例が多数の化合物で報告されている．表5-1にアモルファス物質の主な生成法，その特徴や生成するアモルファス物質の例を表示した．

表5-1 主なアモルファス物質作成法.

方法	特徴	アモルファス物質の例
液体冷却法	酸化物や高分子など結晶化の起こりにくい物質に適用	珪酸塩ガラス,アクリル, ビニール
液体超急冷法	金属表面上で10^6K/sの速度で急冷. 薄い膜しかできない.	$Fe_{80}B_{20}$, $Cu_{60}Zr_{40}$などの合金
真空蒸着法	冷却した基盤上では純金属もアモルファスとなる.	Fe, 種々の合金,Si, Ge, Se, As_2S_3
スパッタリング法	高融点, 低蒸気圧の物質に適用できる.	$Sm_{30}Co_{70}$, カーボン,高融点合金
CVD法	アモルファス半導体材料の作成に利用される.	Si-H, SiC

　アモルファス状態の物質は，さまざまな点でその性質が結晶状態と異なる．結晶では得られない性質が実用的に利用されることも少なくない．アモルファス物質は極めて均質である．結晶に見られる異方性は存在せず，粒界のような欠陥も存在しない．そのため，Fe合金アモルファス金属などの軟磁性材料では，ヒステリシス損失が小さいのでトランスの鉄芯材料として利用価値が高い．普通のガラスは脆い物質の代名詞に用いられるぐらい破壊しやすい．しかし，金属ガラスはまったく脆くなく，しかも変形応力も極めて高い強靱な物質である．また，金属ガラスの中には耐食性がよいものもある．金属ガラスのこのような強靱性と耐食性を兼ね備えた性質は結晶性の合金では得られない．

　アモルファス物質は，蒸着法などによって薄膜として大きな面積の試料をつくることができる．そのため，アモルファス半導体では光を受けて作動するデバイスの作成に適している．その代表的な例がアモルファスSiを用いた太陽電池である．p型とn型のアモルファスSiを薄膜にして積層し，光を受けて励起された伝導帯中の自由電子と，価電子帯中の自由正孔を，それ

ぞれ電極を通して取り出し電池として利用するのである．アモルファス Si は光センサーとしても利用される．

Se-As-Te 系などのアモルファスカルコゲナイドは，受光素子としてテレビカメラの撮像管などに用いられている．近年，光通信技術が普及しているが，そこには石英ガラスのファイバーが用いられる．成分を適当に制御し，均質なガラスを用いることによって，極めて光の透過率の高いファイバーを作成することが可能である．特に，ファイバーの外側と内側の屈折率を変えることによって外に光が出ないように工夫して，何百 km という距離にわたって光を伝達させる材料が開発されており，光通信に利用される．これも，均質性やファイバー作成の技術などを考えると結晶性物質では不可能であり，アモルファスであるから可能なのである．

5・2　アモルファスの構造

典型的なアモルファス物質は液体状態が凍結されることによって生成されるので，その構造も当然，液体状態と類似していることが想定される．事実，アモルファス物質の X 線や電子系回折パターンは，液体と同様に，いわゆるハローパターンを示す．ハローというのは太陽や月のまわりに見られる"かさ(暈)"のことであるが，ちょうどそれと似た回折パターンが得られるのである．図 5-2 はアモルファス合金の電子線回折パターンの例である．X 線回折スペクトルには半値幅が 10 度にも及ぶ極めて幅が広い強度の強いピークが 1 本現れる以外は強度の弱いピークが数本現れるだけである．

原子の位置がまったくランダムであれば回折ピークは現れない．第 2 章でも述べたように回折ピークが現れるということは，原子位置の間にある程度相関があるということである．回折ベクトルの大きさ s に対する回折強度を $I(s)$ とすると，$I(s)$ をフーリエ変換することによって原子位置の相関を表す関数が得られる．このような関数を 2 体分布関数という．2 体分布関数 $\rho(r)$（r は原子間の距離）は次式で求められる．

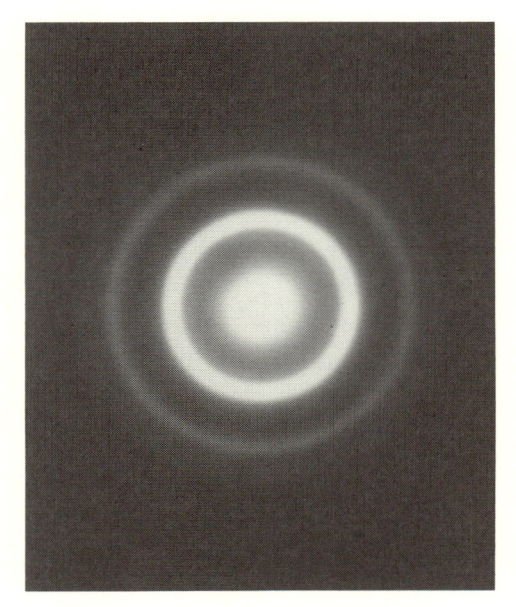

図 5-2　アモルファス合金の電子回折パターン．

$$\rho(r) = 1 + \frac{2\pi V}{N} \int_0^\infty sI(s)\sin(2\pi sr)\mathrm{d}s \tag{5-1}$$

ここで，V は体積，N は原子数である．$\rho(r)$ は，ある原子を中心として，そこから r の距離における原子の密度を表現しており，$\rho(r)=1$ が平均密度である．原子サイズを a とすると，$r \ll a$ には原子が存在できないので $\rho(r)=0$ である．原子が互いに接する形で密な構造をとっていれば，$r=a$ の所は密度が高くなるので $\rho(a) \gg 1$ となる．$r \gg a$ では原子の位置の相関が小さくなるので $\rho(r)=1$ となる．

アモルファス合金の2体分布関数は，すべてに共通した特徴的な形状を示す．図5-3 は蒸着法によって作成されたアモルファス Fe に関する2体分布関数を示す．Fe 原子の直径に相当する約 2.5Å の所に鋭いピークが見られ（第1ピーク），4～5Å の所に二つに分裂した第2のピークが存在し，それよ

5・2 アモルファスの構造   125

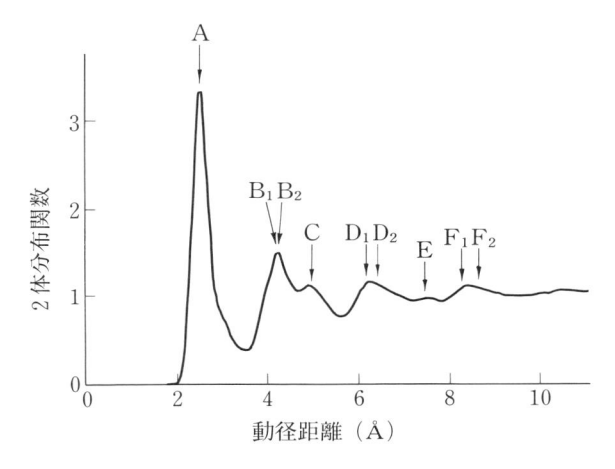

図 5-3　アモルファス Fe の 2 体分布関数．矢印の位置は図 5-4 で OA の距離を第
　　　　1 ピークの位置にとったときの位置を示す．

り遠い所のピークはその振幅が次第に減衰して一定値に近づく．融液の状態
について得られる動径分布関数と類似しているが，液体状態では第 2 ピーク
の分裂は見られない．このことは，アモルファス状態が液体状態よりもいく
らか原子位置の相関が強いことを示している．

　図 5-3 の 2 体分布関数に見られる周期的でないピークの位置はどのような
場所に対応しているのであろうか．

　アモルファス金属は，ごく大雑把にいえば，球状の原子が密に詰まった構
造である．したがって，最小の単位の原子クラスターは，正 4 面体的に原子
が接触した 4 原子のクラスターである．ある原子を原点において考えると，
そこから遠方にむかって次々に 4 面体がつながる形で空間を埋めている様子
が想像できる．正 4 面体を外側に次々に接続していくと，図 5-4 に示すよう
な，少しずつねじれていく立体が形成される．これをらせん状多 4 面体（英
語で spiral-polytetrahedron）とよぶ．

　原点 O から各頂点 A，B_1，B_2，C，D_1，D_2，…までの距離を計算し，$\overline{OA}$

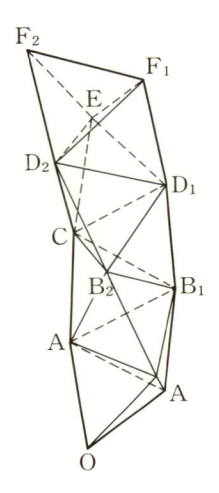

図 5-4 正 4 面体を原点 O から次々に接続した構造．らせん状多 4 面体（spiral-polytetrahedron）とよばれる．

の距離を動径分布関数の第 1 ピークに対応させると，$\overline{OB_1}$, $\overline{OB_2}$, …の距離は，図 5-3 に記入した位置になる．これらの位置は 2 体分布関数のピークの位置とよく対応していることがわかる．このことは，原子球の密な充塡という考え方が基本的に正しいことを意味している．

しかし，空間を正 4 面体だけで埋めつくすことはできない．必ず正 4 面体とは異なる形の原子クラスターが存在しなければならない．たとえば，最密充塡構造の面心立方構造は正 4 面体と正 8 面体のクラスターから構成されている．球のランダムな充塡構造がどのようなクラスター単位から構成されているのかについて，イギリスの Bernal は，箱の中にボールベアリングを詰めて接着し，それを一つ一つ分解して調べた．その結果，図 5-5 に示すように，正 4 面体（a）に加えて（b）（正 8 面体），（c），（d），（e）のような，中に空間をもつ 5 種類のクラスターが存在することを見いだした．これらはバナールの孔（Bernal hole）とよばれており，（b），（c），（d），（e）のクラスターの数の合計は全部の約 15% である．

5・2 アモルファスの構造　　　127

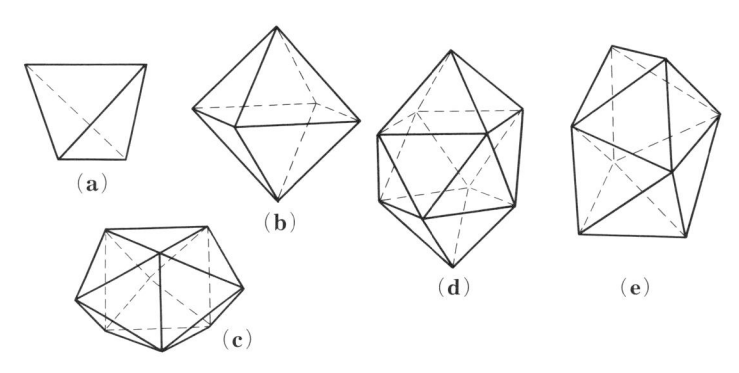

図 5-5 球のランダムな充塡構造中の構造単位．各頂点に球の中心が位置する．これらの構造単位中の空間を研究者の名に因んでバナールの孔とよんでいる．

しかし，この Bernal の剛体球モデルの 2 体分布関数は，実験で得られるアモルファス合金の 2 体分布関数の形とはずいぶん異なったものになる．それは，現実の原子は剛体球で近似できるようなものではなく，図 1-1 の原子間ポテンシャルを見ればわかるように，弾力をもっているからである．そこで，剛体球モデルを図 1-1 のような原子間ポテンシャルを用いてエネルギーを緩和させてやると，図 5-6 のように実験をよく再現する 2 体分布関数が得られる．このことは，アモルファス金属の構造を"稠密に充塡した軟球構造"と表現することができる．英語では Dense Random Packing of Soft Sphere model(DRPSS モデル)と表現される．

アモルファス金属のほとんどは(金属ガラスはすべて)合金である．したがって，現実のアモルファス金属の構造はもっと複雑である．2 元合金アモルファス金属については，2 種類の原子からなる DRPSS モデルを考えなければならない．実験的に 2 種類の元素を区別してその分布状態の違いを検出するために以下のような方法が用いられる．

第 2 章でも述べたように異なる元素は X 線，電子線，中性子線に対する散乱能がそれぞれ異なるので，これらの 3 種類の回折実験による回折スペク

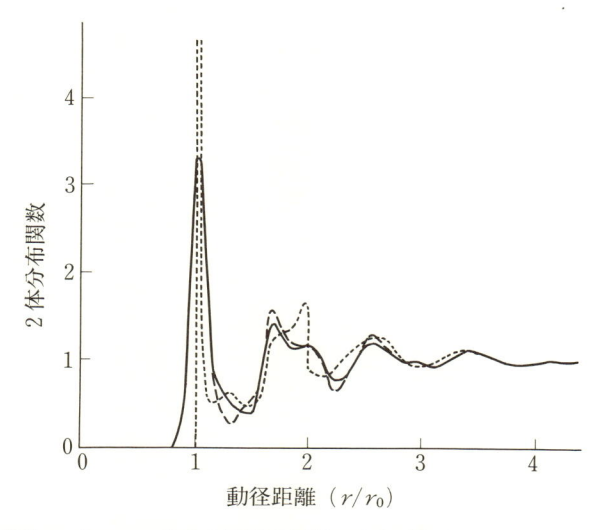

図 5-6 剛体球モデルの 2 体分布関数(点線),原子間ポテンシャルを用いて緩和した 2 体分布関数(破線)およびアモルファス Fe について実験で得られた 2 体分布関数(実線).動径距離は最近接原子間距離で規格化した値である.

トルの違いから,2 種類の元素の空間分布の違いを求めることができる.また,各元素による X 線の吸収端に生じる異常散乱とよばれる現象から,各元素ごとの散乱因子を求めることができて,その結果を解析することによって各元素間の 2 体分布関数を求めることもできる.それらを部分 2 体分布関数という.中性子線の散乱能は,同一の元素でも同位元素によって大きく異なる.このことを利用して,ある元素の一部を同位元素で置換することによって生じる散乱スペクトルの変化分からも部分 2 体分布関数を求めることができる.

いずれにしても,2 体分布関数からは原子構造に関する 1 次元的な情報しか得られないので,アモルファス合金中で原子が 3 次元的にどのように配列しているのかを正確に知ることはなかなか困難である.

$Fe_{85}B_{15}$ のように,金属元素と非金属の組み合わせからなるアモルファス

合金が多数存在する．このようなアモルファス合金では，金属原子と非金属原子がランダムに混じり合っているのではなく，局所的には Fe_3B のような特定の分子的なクラスターを形成し，それらがつながって空間を埋めつくしているような構造をもっていると考えられている．

局所的に2種類（またはそれ以上）の元素が規則的に配列している状態を化学的短範囲規則性(Chemical Short Range Order，略して CSRO) という．それに対して，元素の種類に関係なく原子が局所的に規則配列している状態（必ずしも結晶的な並進秩序性だけでなくて，たとえば正20面体的な秩序構造なども含まれる）をトポロジカルな短範囲規則性(Topological Short Range Order，略して TSRO) という．

アモルファス合金の中で，このような規則性をもった領域がどのくらいの大きさをもつのかは，さまざまな場合があるようである．アモルファス合金を高分解能電子顕微鏡で観察すると，像がすべてノイズだけで構成されている場合だけでなく，1～2 nm 程度の粒径の微結晶からなるような像が得られることもある．後者の場合も X 線の解析スペクトルは前者と区別がつかないので，個々のアモルファス合金の構造を回折実験だけから正確に決定することは非常に難しい．

アモルファス半導体の構造は，原子同士が共有結合で結ばれているので，配位数の数が4族元素では4本，5族元素では3本，6族元素では2本と決まっていて，最近接原子の数はアモルファス金属が約12であるのに比べてずっと少ない．したがって，原子の充填は稠密充填とはほど遠く，原子の密度はアモルファス金属よりもはるかに小さい．ごく短範囲の規則性は，共有結合性のために，当然アモルファス金属よりも高い．

たとえば，アモルファス Si の構造は，それぞれの Si 原子がほぼ正4面体的に配位した4個の Si 原子と共有結合のボンドで結ばれて，それが次々にランダムにつながったものと考えられている．図5-7にその様子を図示した．このような構造をランダムネットワーク・モデルという．

実際に，多数の球を棒(spoke)で正4面体的に接続することにより3次元

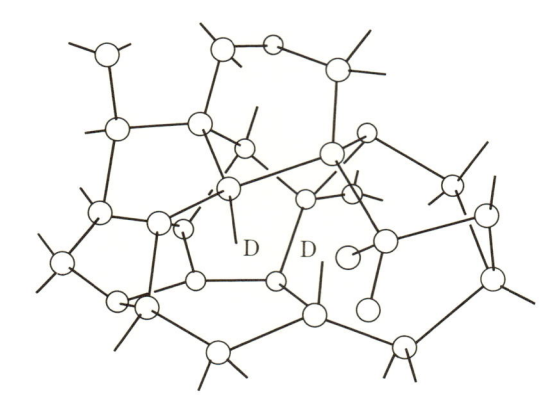

図 5-7 ランダムネットワーク・モデルとよばれるアモルファス Si の構造モデル．D と印したボンドはダングリング・ボンドである．

的な構造モデル（ball-and-spoke モデルという）を作成してその 2 体分布関数を求めると，アモルファス Si について実験的に得られる 2 体分布関数をよく再現することが示されている．このような共有結合的な結合をしている物質について，そのボンドの状態を調べるのに，赤外吸収やラマン散乱などの分光的な手法が用いられる．

　ランダムネットワーク構造では，すべての原子が配位数を正確に満足することは困難である．どうしても結合する相手が見つからないボンドが出てくる．それをダングリング・ボンドという．アモルファス Si は多量の H 原子を固溶することが知られている．これらの H 原子は Si のダングリング・ボンドと結合して，ダングリング・ボンドを消滅させる働きをする．ダングリング・ボンドが消滅しないで残っていると，それは電子を捕えるセンターの役割をするので，アモルファス Si を太陽電池などの電子デバイスに応用するときに都合が悪い．その点，H 原子は極めて都合のよい働きをするわけである．Si 原子と H 原子が結合した状態も赤外分光スペクトルを調べることによって明らかにすることができる．

　カルコゲナイドガラスの As–S などは，図 5-8 に示すような AsS_3 のピラ

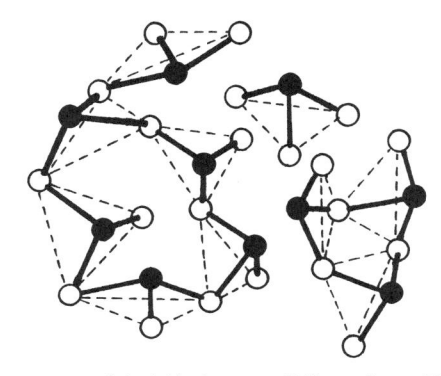

図 5-8 As–S などのカルコゲナイドガラスの構造モデル．黒丸は As 原子，白丸は S 原子．

ミッド構造のユニットが S 原子を介してつながったランダムネットワーク構造をもつ．カルコゲナイドガラスに光を照射すると，同じアモルファス構造でありながら構造が変わることが知られている．この現象を光構造変化という．このように，同じ組成のアモルファスでもその構造にバリエーションがあることが知られているが，具体的にどのように構造が違うのかはよくわかっていない．

珪酸塩ガラスも共有結合物質なのでその構造は基本的に同様である．この場合には，図 1-6 に示したような SiO_4 のユニットが O を介してランダムネットワークを形成した構造である．ソーダガラス，硼珪酸ガラス，鉛ガラスなどは，SiO_4 がつくるネットワークの間に Na イオン，B イオン，Pb イオンが入りこんでアモルファス状態を安定化している．

高分子物質も多くの場合アモルファス構造をもつ．長い鎖状の分子が絡まって無秩序に空間を埋めつくしている場合が多い．ナイロンやビニールなどの繊維に用いられる高分子は，長い分子が一方向にそろって配向している．しかし，繊維の方向に垂直な方向には個々の高分子を構成する原子が規則正しく並んでいるわけではないので，やはり構造としてはアモルファス状態である．長い高分子が垂直な方向にも規則的に結合することによって，はじめ

て高分子結晶が得られる．

5・3 アモルファスの形成

　どのような物質でもアモルファス状態が得られるわけではない．アモルファスが形成されやすい物質と形成されにくい物質がある．アモルファス状態へのなりやすさをアモルファスの形成能という．図5-1の自由エネルギーの図を基にして考えると，アモルファス状態が実現しやすいのは，(1)過冷却状態の自由エネルギー F_A が低いこと，(2)過冷却状態から結晶状態に移るための活性化エネルギー ΔF_N が大きいことの二つの条件が必要である．高分子物質などでは，室温でも過冷却状態の自由エネルギー F_A が結晶状態の自由エネルギー F_C とそれほど違わないだけでなく，過冷却状態から結晶の核が生成するのに非常に大きな活性化エネルギーが必要である．そのため容易にアモルファス状態が実現するのである．

　珪酸塩ガラスも結晶の生成に大きなエネルギーが必要である．それは，アモルファス状態から結晶状態に変わるためには，共有結合で結ばれたボンドが多数切り替わることによって多数の原子の再配列が生じなければならないからである．核生成エネルギーが大きいために大きな過冷却が生じ，融液の状態の凍結が生じるのである．

　金属の場合には，結晶の単位胞が小さく原子の再配列も容易なので，液体状態あるいはアモルファス状態から結晶核が生成するのは比較的容易である．そのため，一般に金属では過冷却は起こりにくく，昔はガラス相は生成されないと考えられていた．しかし，1970年代に入って，液体超急冷法を用いて，多数の合金系で金属ガラスを生成することが可能になった．

　液体超急冷法というのは，先端に小さな穴(数分の1 mmの径の穴または数分の1 mmの幅のスリット)のあいたノズル(石英やアルミナ製)をもつ容器の中に母合金を入れ，外から高周波加熱によって溶解し，容器の上部のガス圧を高めてノズルから融液を高速回転するロール(銅または鋼製)上に噴射

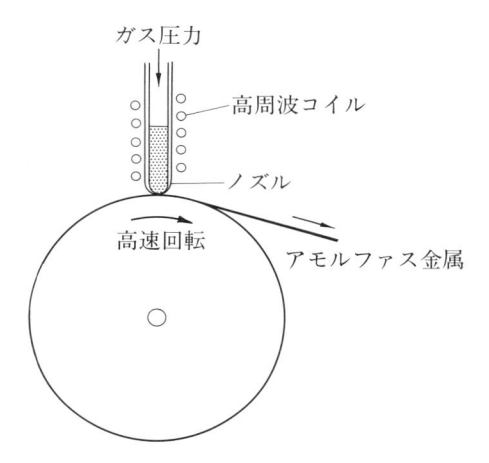

図 5-9 単ロール液体急冷法によるアモルファス金属の作成法を示す模式図.

して凝固させる方法である.図 5-9 に液体超急冷法の原理を模式的に示す.平らに削ってあるノズルの先端とロールの表面とのギャップを数分の 1 mm 程度にすることにより,ごく薄い膜の状態で融液が凝固するようにする.このような方法で数 10 μm の厚さのリボン状の合金を作成することができるが,その場合の冷却速度は 10^6 K/s に達することが知られている.

このような早い冷却速度であっても,金属では必ずしもアモルファスが実現するわけではない.A を準安定相,B を安定相として,ある一定の温度 T に A をどのくらいの時間保っておくと B の状態に変わり始めるのかをグラフに示した図を TTT 曲線(TTT は time-temperature-transformation の頭文字をとったもの)という.図 5-10 は融液が結晶に変態する場合の TTT 曲線を模式的に示したものである.融点 T_m 以上では変態が生じないので TTT 曲線は存在しない.

T_m から温度が下がるに従って急速に変態が始まる時間が短くなる.温度の低下とともに融液状態と結晶状態の自由エネルギー差が大きくなり,変態への駆動力が増すからである.しかし,ある程度以上温度が下がると再び変

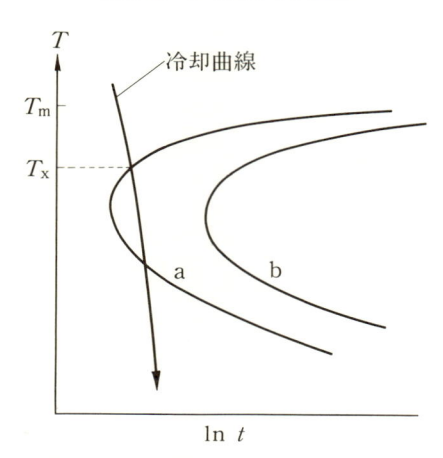

図 5-10 TTT 曲線の模式図. T は温度, t は時間である. a の場合は結晶化が生じるが, b の場合はガラスが得られる.

態時間が急速に長くなる.それは,温度が下がって原子の拡散速度が遅くなり,変態のための原子の再配列に時間がかかるようになるからである.

融点より上の温度から融液を急冷する過程で,試料が各温度を経験する時間を結んだ線が冷却曲線であるが,TTT 曲線が図中の曲線 a のような場合には T_x の温度で結晶化が生じてしまう.一方,曲線 b のような場合には低温まで結晶化が生じないでガラス状態が得られることになる.

均一に固溶した合金融液から結晶化が生じる場合に,大きく相分離を起こす場合がある.典型的な例が共晶合金系である.液相線より上の状態では A, B 原子が均一に固溶しているが,共晶温度以下では,ほとんど A 原子のみからなる α 相とほとんど B 原子のみからなる β 相に分離して熱平衡状態に到達する.均一固溶状態からこのような相分離を起こして結晶核が生成するためには,当然,大きな活性化エネルギーを必要とする.

一方,相分離を起こさずに固溶体のまま結晶化が生じることも想定される.このような準安定相としての固溶体結晶の凝固点を T_0 点といい,T_0 点を結んだ曲線を T_0 曲線とよぶ.図 5-11 に示すように,共晶組成近くの合

5・3 アモルファスの形成

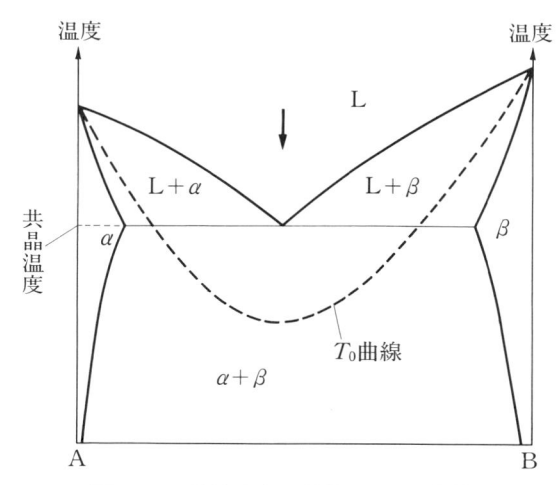

図 5-11 共晶合金の状態図と T_0 曲線.

金の T_0 点は極めて低い温度になる．すなわち，相分離が起こらなければ低温まで融液状態が安定なのである．合金系によっては T_0 点が室温以下になる場合もある．このようなわけで，共晶組成に近い合金では TTT 曲線はずっと長時間側になり，容易に過冷却状態が実現し，金属ガラスを生成しやすい．このように，T_0 曲線を想定することによって，実際に状態図を基にして金属ガラスの生成を予測することが可能である．

さきにも述べたように，形成されたアモルファスの構造は組成が同一であれば常に同一というわけではない．図 5-12 は冷却過程でアモルファスが生成される物質の体積と温度の関係を示した図である．

高温の溶融状態から準平衡状態を保ちながら徐々に冷却していくと，T_m で結晶化が生じ，不連続的に体積が減少(氷のような例外的な場合を除いて)する．冷却速度を少し速くすると過冷却が生じたのち T_m より少し低い温度で結晶化する(図の波線)．急速に冷却すると過冷却が大きくなり，十分過冷却が進むと液体の性質である流動性が失われ，ある温度 T_g で液体状態の凍結が生じる．T_g をガラス転移温度という．T_g より下の温度ではもはや液体

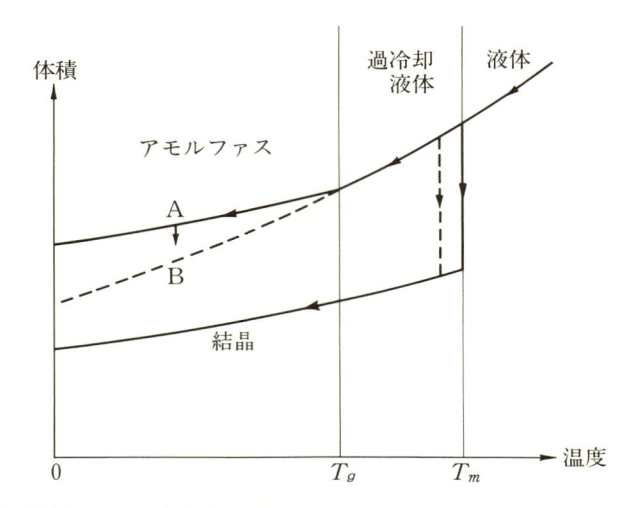

図 5-12 溶融状態からの冷却過程における体積変化を示す．T_m は融点，T_g はガラス転移温度．

ではなく固体状態なので体積の温度変化も結晶に近い値になる．T_g は厳密に定義できるものではないが，粘性の値が 10^{13} ポアズに達した温度で T_g を定義することもある．

ところで，いったん生成したアモルファスを室温より少し上の温度でアニールすると，アモルファス状態のまま体積が減少し始める（図の A 点からの矢印で示す）．すなわち，構造がその温度における液体の過冷却状態（図の B 点）に近づこうとするのである．この緩和現象を構造緩和現象とよぶ．構造緩和にともなって，磁性など構造敏感な性質が変化するので，構造緩和現象は実用的にも重要である．

構造緩和にともなって体積が減少するということは，凍結されていた高温の液体状態における原子間の隙間（これを自由体積という）が開放されることを意味している．それによって TSRO が改善される．それだけでなく CSRO も変化することが実験的に明らかになっている．

5・4 種々のアモルファス物質

これまではアモルファス物質に関して一般的に論じてきたが，5・1節で述べたように，アモルファス物質にはさまざまな種類があり，それらは構造の上でも性質の上でも互いに異なっている．以下に代表的なアモルファス物質について具体的に少し詳しく記述する．

(1) 珪酸塩ガラス

珪酸(SiO_2)だけでなく硼酸(B_2O_3)やリン酸(P_2O_5)などは，他に不純物が存在しなくてもガラスを形成するので，これらを総称して酸化物ガラスという．その中で最も広く利用されているのが珪酸を主体とした珪酸塩ガラスである．

SiO_2のみのガラスは石英ガラスとよばれ，高温(約1200°C)まで軟化せず，熱膨張係数が極めて小さいので熱衝撃を与えても割れることがなく，耐熱材料として有用である．近年，光通信技術の発達とともに，石英ガラスは光ファイバーとして広く利用されるようになった．

光通信では，情報を光の信号に変換し，それを光ファイバーを通して遠距離まで伝達し，光検出器で電気信号に変換して取り出す．したがって，光ファイバーの材料には光の吸収，散乱が小さく光の透過に対する損失が極めて小さいことが要求される．高純度の石英ガラスは，光通信に用いられる赤外レーザー光に対して損失が非常に小さく，光ファイバーの材料として最適である．なお，光ファイバーは，コアとよばれる屈折率の高い芯の部分の外側に，クラッドとよばれるB_2O_3を混入した屈折率の低い部分をつくり，コアを通過する光がクラッドとの境界で全反射して外に逃げない工夫が行われている．

石英ガラスは強度，耐熱性，化学的安定性など極めてすぐれた性質を有しているが，石英ガラスを溶製するには1700°C以上の高温を必要とするため，大型の板ガラスなどをつくることは困難である．窓ガラスなどに用いられる

板ガラスは，珪酸に Na_2O や CaO などを添加して溶液温度を低下させたものである．この種の珪酸塩ガラスはソーダ石灰シリカガラスとよばれる．

珪酸塩ガラスが透明なのは，Si が酸素原子と強く共有結合で結ばれているためバンドギャップが大きく，可視光では電子励起が起こらず，可視光が吸収されないからである．しかし，Cr や Co などの遷移金属のイオンが混入すると，これらのイオンは可視領域の光で励起されるので，特定の波長域の光を吸収する．その波長域に応じてさまざまな色がつくことになり，ステンドガラスのような美しいガラスをつくることができるのである．

(2) アモルファス Si

近年，新しいアモルファス材料として急速に開発されたのが，太陽電池に用いられるアモルファス Si である．かつては，太陽光をエネルギー源とする発電に半導体結晶材料が用いられていた．アモルファス Si はプラズマ CVD 法によって容易に薄膜を作成することができるので，太陽電池のように大面積を必要とする材料には好適なのである．

アモルファス状態の Si はすべての原子が 4 配位をとることができないので，多数のダングリング・ボンドが形成される．アモルファス Si は，いわば欠陥だらけの半導体である．ダングリング・ボンドには電子が捕捉されるので，キャリアの移動度や寿命が極端に小さくなり，半導体材料としての機能を果たさない．ところが幸いなことに，水素を吸収させるとダングリング・ボンドと水素原子が結合してダングリング・ボンドを消滅させる働きをする．

電子素子に用いられるアモルファス Si は 10% 程度の H を含む Si-H の 2 成分系である．それにさらに n 型，p 型のドーピングを行って電子素子にする．実際にはシラン (SiH_4) ガスに PH_3 や B_2H_6 などのガスを混入してプラズマ CVD 法 (低圧のガスに高電圧をかけてグロー放電を起こし，ガスを分解して基板上に蒸着を行う方法) を用いてアモルファスの Si-H-P や Si-H-B などの半導体素子を比較的容易に作成することができる．なお，アモルフ

5・4 種々のアモルファス物質

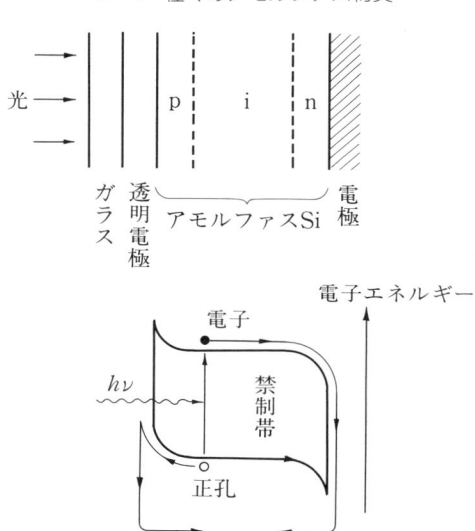

図 5-13 太陽電池の構造(上)とその機能(下)を模式的に示す．厚さは 0.5 mm 程度である．

ァス Si は大きな面積の材料が得られるということだけでなく，結晶の Si よりもバンドギャップが大きく太陽光や蛍光灯に対する分光感度が高いので，光電池材料としての性質がすぐれている．

図 5-13 に太陽電池の構造を模式的に示す．ガラス基板上に p 型層，イントリンシック層(i 層)，n 型層を重ねて蒸着した pin 構造をもち，ガラス層を透過した光によって i 層中に励起された電子と正孔がそれぞれ n 型層，p 型層にむかって流れ，電極によって外に取り出される．光が電気エネルギーに変換される効率(光電変換効率)は年々増加し，すでに 10% を越している．

(3) カルコゲンガラス，カルコゲナイドガラス

5 族のカルコゲン元素の S や Se のガラスをカルコゲンガラスといい，5 族元素の As とカルコゲン元素の S や Se からなる 2 元系の As_2S_3, As_2Se_3 などの組成を基本とした化合物ガラスをカルコゲナイドガラスという．共有

結合性なのでアモルファス Si と同じく半導体である．アモルファス Si と同様光に対する感受性が強いので，光電変換を利用したさまざまな応用が行われている．最もよく知られているのがコピー機への応用である．

コピー機は，アモルファスのカルコゲン膜を電子感光板として利用する．表面を一様に帯電させた膜に光があたるとその部分でキャリアが励起されて伝導性を帯び（光伝導），電荷が逃げてなくなる．この原理を利用して膜面上に電荷のパターンをつくり，そこにカーボン粉末を静電力で付着させ，それを紙の上に写しとることによってコピーをつくることができる．また，カルコゲナイドガラスはその光伝導性を利用してテレビ映写機の撮像管の材料にも用いられている．

カルコゲンガラスの中には，あるしきい電圧以上の電圧をかけると急激にキャリアが増して低抵抗状態になるものがある．このような性質を利用してスイッチやメモリー材料への利用も行われている．さらに，光で照射された部分が結晶化（光結晶化）を起こす場合があり，その部分が黒化して写真の感光材のような利用も考えられている．この種の光による構造変化（光構造変化）はメモリー素子やフォトレジスト材料などさまざまな分野に応用されている．

（4）金属ガラス

アモルファス金属の研究が盛んになったのは，1970 年代に入ってさまざまな合金系で超急冷法を用いてガラス状態をつくることができることが明らかになってからである．その結果，金属ガラスという言葉が広く用いられるようになった．前にも述べたように，金属ガラスは，合金化によって融点が降下し，溶融状態が比較的低温まで安定化される場合に形成されやすい．これまでに 2 元合金のみでなく 3 元合金，4 元合金など数えきれないほどの合金系で金属ガラスが作成されてきた．合金の種類で金属ガラスを分類すると表 5-2 のようになる．

通常，金属ガラス生成には超急冷が必要なので，数 10 μm の厚さのリボ

5・4 種々のアモルファス物質

表5-2 金属ガラス合金系の種類.

種類	金属ガラスの例
非遷移金属合金系	$Ca_{65}Ag_{35}$, $Mg_{70}Zn_{30}$, $Ag_{70}Sn_{30}$
遷移金属合金系	$Cu_{60}Zr_{40}$, $Cu_{50}Ti_{50}$, $Nb_{40}Ni_{60}$
遷移金属-非金属合金系	$Fe_{86}B_{15}$, $Fe_{78}Si_{10}B_{12}$, $Pd_{80}Si_{20}$, $Ni_{80}P_{20}$
Al基合金系	$Al_{86}Ni_{10}Ce_4$, $Al_{85}Ce_{10}Fe_5$

ン状の試料しか得られない．1990年代に入って，東北大学金属材料研究所のグループは希土類やZr基の合金($La_{55}Al_{25}Ni_{20}$, $Zr_{60}Al_{15}Ni_{25}$など)のガラス形成能が極めて大きいことを見いだした．これらの合金系では水冷した鋳型に鋳込んでもガラスが得られるので，1cmの厚さのバルク状の金属ガラスの作成が可能である．また，これらの合金系の中にはガラス転移温度T_gと結晶化温度T_xの差が100Kに及ぶものもあり，T_gとT_xの間の温度では流動性が増すので自由な形に成形した金属ガラスを作成することができる．

通常，ガラスという物質は脆い物の代表のように思われている．事実，珪酸塩ガラスなど共有結合性のガラスは，高い応力が加わると塑性変形を起こすことができずに脆性的に破壊してしまう．それは，共有結合性のために局所的に構造変化を起こすことが難しく，応力集中を緩和できずクラックの発生に至るからである．

それに対して，金属ガラスは180度曲げても塑性変形を起こして折れることがない．変形を開始する応力(降伏応力)は極めて高く，ヤング率の値の約2%である．最も強靱な鋼にも匹敵する強度をもっている．金属ガラスの局所的な原子配列は共有結合物質と異なり，比較的自由度が大きい．そのため応力集中を局所的な原子の再配列によって緩和することができるので破壊が生じない．塑性変形は，結晶中の転位のすべり運動と同様に，局所的なずれ歪の伝播によって生じることが知られている．このように金属ガラスは非常

に強靭なので，バルクの金属ガラスの開発はさまざまな構造材料への応用にとって大きな意義をもっている．

　Fe基合金やCo基合金のアモルファスは強磁性を示す．これらの合金には非金属元素が含まれているので，Fe原子やCo原子1個当たりの磁気モーメントの大きさは結晶の場合よりいくらか小さくなるが，結晶の場合と同じく，モーメントの大きさは遷移金属原子の平均外殻電子数で決まる*．したがって，Fe-Ni合金系のアモルファス合金は結晶と同様に大きな磁気モーメントをもつ．

　これらの強磁性のアモルファス合金には磁気異方性がなく，また結晶のように粒界もないので極めて均質である．そのため，磁壁の移動に対する抵抗が小さく，結晶の場合よりも高い透磁率が得られ，ヒステリシス損失も小さい．また，電気抵抗が大きい薄膜の材料が得られるので，交流磁場に対する渦電流損失が小さい．すなわち，トランス材料として極めてすぐれた性質をもっている．しかも金属ガラスは対摩耗性が高いので，テープレコーダーの磁気ヘッドへの応用が行われている．

---

* 3d遷移金属合金における原子1個当たりの平均の磁気モーメントの値と平均の外殻電子数の間の関係を表す曲線をスレーター－ポーリング曲線とよび，体心立方金属合金では電子数が8.2前後で磁気モーメントが最大になる．この関係はバンド理論で説明されている．

第6章 物質の構造と物質の性質

6・1 序

　物質のさまざまな物理的性質を物性という．物性には，電気的性質，磁気的性質(または磁性)，光学的性質，力学的性質などがあるが，これらはさらにいろいろに分類される．たとえば，電気的性質には，電気伝導特性，超伝導特性，誘電特性，イオン伝導性，磁気抵抗効果，光伝導など多様な性質が含まれる．このような多様な物性がどのようなメカニズムで生じるのかを研究する学問が物性論である．

　さまざまな物性は，物質にさまざまな外場を作用させたときの物質の応答の仕方を表現したものである．電気的性質は，物質に電場を加えたときにその物質にどのくらいの電流が流れるか，あるいはどのような電気分極が生じるのかを表すもので，磁気的性質は磁場を作用させたときに物質中の電子のスピン(あるいは電子の軌道運動や原子核のスピン)がどのように反応するかを表すものである．なお，物質の中には物質そのものが磁場を発生している場合もあり，それを強磁性物質という．光学的性質は，光の吸収，反射，散乱のほかに蛍光，リン光などの発光現象がある．電気的性質，磁気的性質，光学的性質は，いずれも物質を構成している電子，特に外殻電子の振る舞いで支配されている．

　固体は，個々の原子の外殻電子によって結合していることは第1章で述べた．したがって，電子の振る舞いを反映した上記の諸物性は，当然，その物質の結合様式によって大きく左右される．原子構造そのものは，上で述べた

ような物性に直接関わる部分は少ない．しかし，これも第1章で述べたように，原子構造が結合様式と密接な関係があることから，物性と構造との間にも一般的に大きな相関がある．すなわち，同一の構造をもつ物質群は多くの場合その物性も似かよっている．

一方，力学的性質には電子の振る舞いが関わる部分は小さい．たとえば，物質が超伝導になるという電気的性質のドラスティックな変化に際しても，弾性定数は0.001％程度しか変化しない．力学的性質は，弾性，塑性，破壊に分類される．

弾性は，物質に応力を作用させたときに生じる歪が可逆的であるときに，その応力と歪の間の関係で表現される．歪を復元する力はその物質を構成する原子間の結合力で決まるので，弾性的性質は基本的にその物質の結合力とその異方性によって支配され，原子構造そのものは直接関わらない．それに対して，結晶の塑性は，転位という幾何学的な格子欠陥(第3章参照)の移動で生じるので，結合様式や結合力よりも結晶構造そのものが決定的な役割を果たすことが多いのである．この章では，物性と構造の関わりのさまざまな側面について記述する．

6・2 物性の異方性

まず，結晶の弾性的性質を考える．結晶軸の方向がランダムにいろいろな方向をむいた結晶粒が集まった多結晶体であれば，弾性的異方性は存在しない．しかし，単結晶には一般に弾性異方性が存在する．すなわち，応力の作用する面および方向と結晶面，結晶軸とのなす角度によって弾性歪量が異なる．これは，とりも直さず結晶の原子の凝集の仕方の方向性を反映したものにほかならない．

物質に作用する応力および物質に生じる歪はいずれも2階のテンソルで表される．したがって，それらの関係を表現する弾性定数あるいは弾性率は4階のテンソルである．しかし，固体の性質および構造の対称性から，一般

に，弾性的性質はずっと簡単に表現される．固体の一様な変形の自由度は6である[*1]．六つの歪成分と六つの応力成分との関係を結ぶ定数が弾性定数あるいは弾性率である．弾性定数(弾性率)は6行6列の行列で表されるが，非対角成分は対称なので独立な弾性定数の数は21である．このような多数の弾性定数の成分も結晶構造の対称性によってさらにずっと減少する．表6-1に結晶系ごとの独立な弾性定数の数を表示した．最も対称性のよい構造の立

表6-1 独立な弾性定数の数および独立な電気伝導率，帯磁率，電気分極率などの数．

物質		弾性定数の数	電気伝導率，帯磁率など
単結晶	三斜晶系	21	6
	単斜晶系	13	4
	斜方晶系	9	3
	三方晶系	6, 7	2
	正方晶系	6, 7	2
	六方晶系	5	2
	立方晶系	3	1
無秩序方位の多結晶		2	1
アモルファス		2	1
正20面体準結晶		2	1
正10角形準結晶		5	2

[*1] 固体に固定したx, y, z軸を考え，それぞれの軸に平行な単位ベクトルi, j, kが変形後にi', j', k'に変化したとする．$i \to i'$, $j \to j'$, $k \to k'$に変わる自由度はそれぞれ3なので，空間に固定した座標で見ると9の自由度がある．しかし，固体全体の回転は変形ではないので，回転の自由度3(回転軸の方向の自由度2と回転角の自由度1)を引いた6が固体の歪の自由度である．

方晶系の結晶でも弾性異方性が存在する．(100)面に沿った［001］方向の剛性率(ずれ弾性率)と(011)面に沿った［01$\bar{1}$］方向の剛性率の比を異方性定数とよぶが，その値が10以上の結晶も存在する．

アモルファス物質は本来構造が均質で異方性がないので独立な弾性定数は2である．また，正20面体準結晶も構造に秩序性はあるが，弾性的には等方的である．通常，材料の弾性的性質はヤング率 E，剛性率 G，体積弾性率 K とポアソン比 ν で表される．等方弾性体では独立な弾性定数は二つなので，これらの弾性率の間には，$G=E/\{2(1+\nu)\}$ および $K=E/\{3(1-2\nu)\}$ の関係が成立する．

電気伝導率，帯磁率，電気分極率などは，それぞれ電場というベクトルと電流というベクトル，磁場というベクトルと磁化というベクトル，電場というベクトルと電気分極というベクトルの間の関係を結ぶ定数である．したがって，単結晶におけるこれらの量は2階のテンソルで表されることになる．また，これらの量は対称テンソルであることが証明されているので，最も対称性の悪い三斜晶系の結晶でも独立な定数の数は6である．表6-1に独立な電気伝導率，帯磁率などの数を示した．

このように，固体の構造と物性の異方性の間には密接な関係がある．一般に原子構造の対称性がよいほど異方性が小さい．特に，アモルファス物質は異方性が小さい[*2]のが特徴である．強磁性のアモルファス金属は均質で異方性がほとんどないことがその有用性に結びついている事実についてはすでに述べた．一方では，結晶の異方性を積極的に利用する場合もある．たとえば，トランスの鉄心に用いられる珪素鋼板は，磁束の走る方向に磁化容易軸の方向［100］をそろえた多結晶体を用いることによって，鉄損を小さくする工夫が行われている．

[*2] アモルファス物質でも作成過程の影響で多少異方性が生じることがある．たとえば，液体超急冷法で作成した強磁性薄膜アモルファス金属では，膜に垂直な方向と膜に平行な方向で磁気的性質が異なる．

6・3 塑性と構造

　力学的性質のうちで塑性と破壊は原子構造によって大きく左右される．塑性変形というのは，物質に加える応力を増大させていったとき，物質が弾性変形を越えて永久変形を起こす現象である．図 6-1 は物質の力学的性質を示す応力-歪曲線である．応力は普通，引張応力または圧縮応力である．歪が小さいうちは，応力の増大に対して歪は直線的かつ可逆的に変化する(弾性域)．しかし，ある応力以上になると応力-歪曲線は直線からはずれて水平に近づく．そうなると応力を下げても歪はゼロに戻らず永久歪(これを塑性歪という)が残るようになる．塑性歪が始まる応力を降伏応力という．

　降伏応力の値は結晶の種類によって大きく異なる．また，同じ結晶でも温度が上昇すると一般に急速に低下する．結晶の塑性変形は，例外的な場合を除いて，転位のすべり運動によってもたらされる．転位というのは，第 3 章で述べたように，結晶格子に生じたしわの部分で，転位を特徴づける最も重要な量は，ずれのベクトル(バーガース・ベクトル)である．積層欠陥が安定な場合には，転位は積層欠陥をはさんで 2 本の部分転位に分解するので，バーガース・ベクトルは小さくなる．

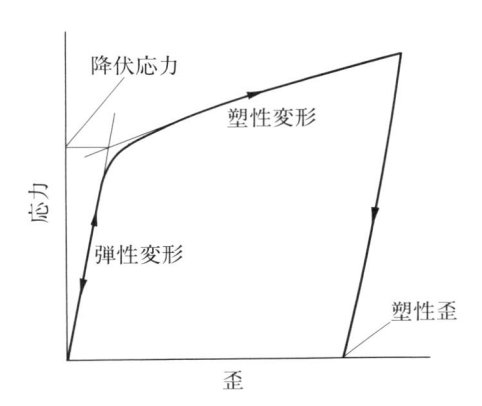

図 6-1　固体の応力-歪曲線．

転位のすべりにとって次に重要な量はすべり面の格子面間隔(図 6-2 の h)である．転位は格子の周期性を反映して，格子間隔で位置エネルギーが周期的に変化する．それをパイエルス・ポテンシャルという[*3]．転位の自己エネルギーはバーガース・ベクトル b の 2 乗に比例するので，パイエルス・ポテンシャルも b が大きくなると急激に増大する．また，すべり面の格子面間隔 h が小さいと，転位が移動するときのすべり面の上下の原子間相互作用の変動が激しくなるので，やはりパイエルス・ポテンシャルが大きくなる．

転位が熱エネルギーの助けをかりることなく，すなわち絶対零度において，パイエルス・ポテンシャルを越すのに必要な応力をパイエルス応力とい

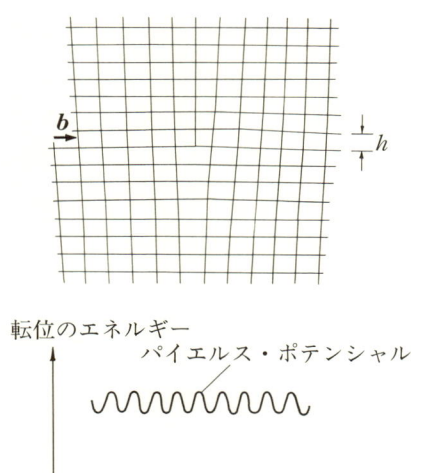

図 6-2 (上)転位の模式図，(下)転位の位置エネルギーの変化．

[*3] バーガース・ベクトルやパイエルス・ポテンシャルはいずれも研究者の名前(J. M. Burgers, R. E. Peierls)に因んで付けられた名称である．

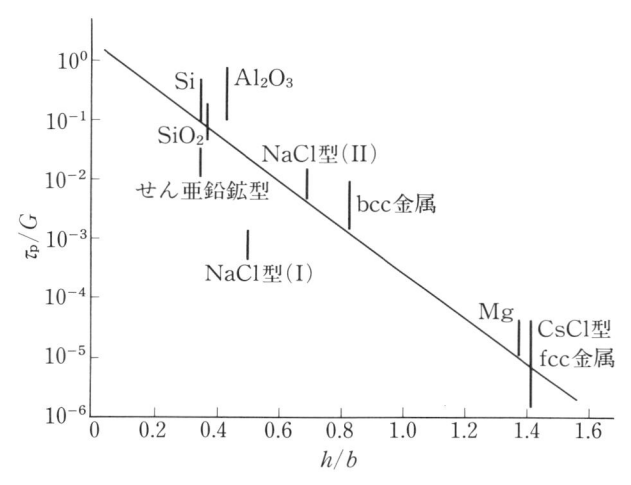

図 6-3 さまざまな結晶のパイエルス応力 (τ_p) を剛性率 (G) で規格した値とその結晶のすべりの h/b との関係.

うが，上記のような理由でパイエルス応力は h/b の値によって大きく変化し，h/b の値が大きくなると急激に小さくなる．図6-3は，実験的に見積もられたさまざまな結晶のパイエルス応力を剛性率で規格化した値を，それぞれの結晶のすべり転位の h/b の値に対してプロットした図である．縦軸は対数で目盛ってあるので，パイエルス応力は h/b の値に極めて敏感であることがわかる．

面心立体金属のパイエルス応力は極端に小さいので，面心立方金属の降伏応力は，パイエルス・ポテンシャルとは無関係に転位と欠陥との相互作用で支配されている．しかし，その他のほとんどの結晶の降伏応力は，高温でない限り，転位がパイエルス・ポテンシャルを越える過程で支配されている．高温では熱活性化過程によって転位がパイエルス・ポテンシャルを越すことができるようになるので降伏応力が低下する．

h/b の値は結晶構造で決まる量である．一般に，金属結晶は単純な構造をもち単位胞が小さいので必然的に h/b の値が大きく，それが金属結晶中の転

位のパイエルス・ポテンシャルを小さくし，塑性変形を容易にしているのである．それに対して，少し複雑な構造をもち単位胞の大きな鉱物結晶などが極めて硬いのは，h/b の値が小さく転位のすべりが困難だからである．

転位のすべり応力があまり高くなると，結晶が降伏する前に破壊を起こすことになる．したがって硬さと脆さは常に共存する．結晶の破壊のしやすさも結晶構造と密接に関係している．雲母やグラファイトなどは層状に破壊しやすいことはよく知られている．これらの結晶は，ある結晶面に沿って原子が 2 次元的に共有結合で強く結合しているが，それらの面同士はファン・デル・ワールス力などで弱く結合している層状結晶だからである．層状結晶でなくても，一般に結晶は特定の結晶面に沿って割れやすい．そのような面をへき開面という．たとえば，立方晶の岩塩（NaCl）のへき開面は {100} 面なので，立方体の形に割れやすいわけである．

このように，結晶の塑性は結晶構造を強く反映し，ほとんど原子配列の幾何学的特徴によって決まっているといっても過言ではない．この点は電気伝導や磁性など他の物性と大きく異なる点である．

結晶の構造は並進対称性をもつので，すべり変形しても結晶がこわれることなく元の構造を保つことができる．しかし，準結晶の構造は並進対称性をもたないので，すべり変形を起こすとその部分の準結晶構造は破壊されることになる．準結晶構造を破壊するには大きなエネルギーを必要とするので，すべり変形は極めて困難である．そのため，準結晶合金はすべて硬くて脆い．ただし，十分高い温度では準結晶も圧縮に対して大きな塑性変形を起こすことが知られている．準結晶の高温塑性変形は転位のすべり運動ではなく，主として，原子の拡散で生じる転位の上昇運動によってもたらされることが明らかになっている．

珪酸塩ガラスなどはガラス転移点近くまで温度を上げると流動性が生じ，自由に形を変えることができるようになる．それは，熱活性化過程によって原子間のボンドの切り替えが生じて，構造単位の組み替えを次々に起こすことができるからである．しかし，室温ではこのような熱的な流動が起こらな

6・3 塑性と構造

いので，まったく塑性変形を起こすことができず，珪酸塩ガラスが極めて脆いことはよく知られている．

アモルファスSiやカルコゲナイドガラスなど共有結合性のアモルファス物質はすべて，塑性変形するためにはボンドの切り替えという大きなエネルギーを必要とするので，室温では共通して脆い．それに対して，金属ガラスだけはアモルファス構造でありながら極めて強靱である．金属ガラスが脆くないのは，第5章でも述べたように，原子の局所配列の自由度が比較的大きいので，局所的な応力が破壊応力に達する以前に集中応力の援和が生じるからである．

図6-4はアモルファス合金を引張変形したときの降伏応力の温度依存性の例である．ある温度以下では，降伏応力に達すると試料の一部に局所的なすべりが集中的に発達して直ちに破断に至る．その降伏応力の値は超強力鋼に匹敵する大きさであり，低温になるに従って上昇するが，それほど温度依存性は大きくない．

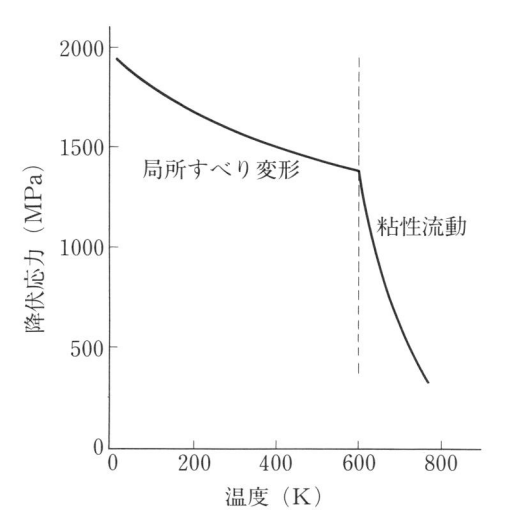

図6-4 Cu-Zrアモルファス合金の降伏応力の温度依存性．

それに対して，ある温度以上の高温になると急激に降伏応力が低下しはじめるとともに，変形のようすは局所的なすべり変形ではなく，粘性的な流動変形になり，珪酸塩ガラスを高温で引き伸ばす状況に似てくる．金属ガラスが他のアモルファス物質と異なるのは，室温ですべり変形を起こすことであり，それが金属ガラスを極めて強靱にしているのである．

アモルファスの構造にはもちろん並進対称性がないので，結晶中の転位のすべりに対応した現象は起こりようがない．アモルファス金属中のすべりは，図6-5に示すように，数原子層の厚さの層状の領域で，原子の再配列によるせん断変形が生じ，それが次々に伝播していく過程であると考えられている．このようなずれ変形を起こすことができるのも，アモルファス金属が「稠密軟球モデル」（第5章参照）と表現されるような構造をもつからである．共有結合によって原子同士がボンドで結合している酸化物ガラスやアモルファス半導体の場合にはそうはいかない．

金属ガラスの硬さ[*4]をヤング率で割った値は，どの金属ガラスも約0.06

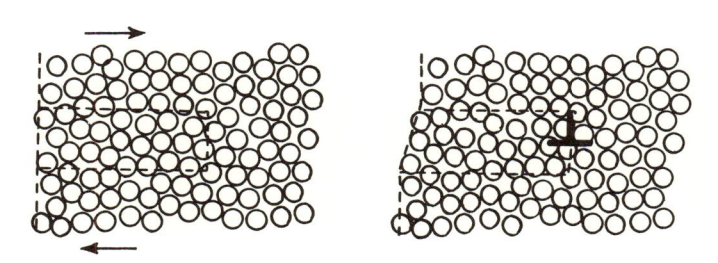

図6-5 アモルファス金属中のすべり伝播．

[*4] 物質の硬さの測定法にはいろいろあるが，金属材料などの硬さの測定にはビッカース硬さ測定が広く用いられる．この方法では，先端の角度が135度の4角錐の形をしたダイヤモンドの圧子を，試料表面に一定の荷重で押しつけ，その結果生じる圧痕の大きさで硬さを評価する．ビッカース硬さの値H_vは，荷重を圧痕の表面積で割った値をkg重/mm^{2}の単位で表したものである．

になることが知られている．結晶の場合には，剛性率で規格化したパイエルス応力（絶対零度における降伏応力）の値が，結晶の種類によって4桁も5桁も異なる事実（図6-3）とは極めて対照的である．弾性率で規格化した金属ガラスの強度が一定であるということは，すべての金属ガラスの変形機構が共通であることを物語っている．

この節で述べてきたように，無機物の塑性はその原子構造と強い相関があり，原子構造のみで支配されていると表現しても過言ではない．

6・4　電気伝導と構造

電気伝導に寄与する電子は自由な電子だけである．固体中の各原子にはそれぞれの原子番号の数だけの電子が存在するのであるが，ほとんどの電子は原子に束縛された内殻電子なので，金属でも伝導に寄与する電子は原子当たり1〜3個である．半導体や絶縁体ではフェルミレベルがバンドギャップ中にあるので，低温では自由電子は存在しない．温度が上がると価電子帯から伝導帯に電子が熱的に励起されて自由電子が存在するようになる．また，いわゆるドーピングとよばれる不純物の添加によっても自由電子や正孔を取り入れることができる．それによって半導体中にも，金属中とは桁違いに少ない量ではあるが，電流を流すキャリアが存在することになる．

自由電子が存在する固体に電圧をかけると電子が電圧の方向に加速されて電流が流れる．電圧をかけつづけていても，電子が無限に加速されて電流が増えつづけるようなことはなく，電圧に比例したある一定値になる．よく知られたオームの法則である．これは，加速された電子はある時間 τ 運動すると何かに衝突して速度を失うからである．

電場 E のもとで電子が τ の時間内に加速される速度は，電子の質量を m，電荷を e として［力積］＝［運動量の増加］の関係から $eE\tau/m$ となる．したがって，単位体積中の自由電子の数を n とすると電流は $ne^2\tau E/m$ である．このことから電気伝導率 σ は

$$\sigma = \frac{ne^2\tau}{m} \tag{6-1}$$

と表される．τ(緩和時間とよばれる)を支配するのは，原子の熱振動(格子振動)と不純物や欠陥である．不純物や欠陥による電子の散乱はほとんど温度に依存しないのに対して，格子振動は高温ほど激しくなるので，金属のように n の値が温度で変わらない物質の電気伝導率は，一般に高温ほど小さくなる．

ところで，τ の時間の間に電子が獲得する運動エネルギーの大きさは，フェルミエネルギーに比べればはるかに小さい．このことは，フェルミレベルよりずっと下のエネルギー状態にある電子は伝導に寄与することはできず，フェルミレベルのごく近くの電子だけが電気伝導をもたらすことを意味している．電子の拡散係数を D(電子の平均自由行程を λ とすると $D=\lambda^2/(3\tau)$ で定義される)，フェルミレベルの状態密度を N_F とすると，一般に電気伝導率は次式のようにも表現できる[*5]．

$$\sigma = e^2 N_F D \tag{6-2}$$

すなわち，電気伝導率はフェルミレベルでの電子の状態密度とその拡散係数の積に比例する．

さて，以上の議論からわかるように，電気伝導を支配するのは電子のバンド構造，特にフェルミ面近くのバンド構造である．

もちろん，バンド構造は原子構造によって変わるのであるが，原子構造そのものは，力学的性質と異なり，直接には電気伝導と無関係である．したがって，原子構造からその物質の電気伝導を予測することはできない．構造が電気伝導に直接関わるのはその乱れである．特に金属結晶の電気抵抗は，低

[*5] 電子の状態密度は電子のエネルギーが E と $E+dE$ の間にある電子数で定義される．自由電子近似では，状態密度は電子の運動エネルギーの平方根に比例して増加し，絶対零度では $E>E_F$ でゼロになる．このことから，$N_F=3n/(2E_F)$ の関係が成立する．フェルミレベルの電子の速度(フェルミ速度)を V_F とすると $\lambda=V_F\tau$，$E_F=mV_F^2/2$ の関係から(6-2)式が導かれる．

6・4 電気伝導と構造

温では格子振動の影響がほとんどなくなるので，不純物の種類と量および結晶の乱れ(格子欠陥)によって決まる．構造が極端に乱れているアモルファス金属では，電子の運動の平均自由行程は数原子距離になり，λの値は非常に小さくなる．そのため電気伝導率は結晶よりも桁違いに小さい．

電気抵抗率でいうと，純粋な金属の低温の電気抵抗の値は $1\,\mu\Omega\,cm$ のオーダー，合金結晶の電気抵抗は $10\,\mu\Omega\,cm$ のオーダーで，アモルファス合金では $100\,\mu\Omega\,cm$ のオーダーになる．半導体結晶の電気抵抗率はドーピングの量，すなわち注入されたキャリアの量に反比例して小さくなる．大量に不純物が入ると，ほとんど金属的になる．

準結晶の電気伝導は独特である．原子構造は結晶とアモルファスの中間的な秩序状態にあるにもかかわらず，準結晶の電気抵抗の値は同じ組成のアモルファス合金よりもずっと高い．第4章で述べたように，準結晶はヒューム-ロザリー型の電子化合物として安定化している．その結果として，伝導に寄与するフェルミレベルの状態密度が普通の合金に比べて 1/2～1/4 ぐらいになっている．このことが電気抵抗の高い原因の一つではあるが，それよりも，フェルミレベル近くの電子の状態が自由電子的でないことが電気抵抗に大きな影響を及ぼしている．

図 6-6 に示すように，ある種の準結晶は低温で $1\,\Omega\,cm$ という普通の合金に比べて 4～5 桁も高い電気抵抗値を示す．しかも，金属結晶の場合と異なり，負の温度依存性を示している．このような準結晶の高い抵抗と負の温度依存性は，フェルミレベル近くの電子が自由電子ではなくて，空間的に束縛された状態(弱局在状態あるいは局在状態)にあるとして理論的に解釈されている．すなわち，(6-2)式で N_F が小さいだけでなく，弱局在のために低温で D が小さくなるのである．

イオン結晶や半導体結晶中の不純物や欠陥のまわりにも束縛された電子が存在して，それらはホッピング伝導という伝導を行うことが知られている．しかし，準結晶中で電子の局在が生じるのは不純物や欠陥に束縛されるだけではなく，準結晶特有の構造上の特殊性に起因していると考えられている．

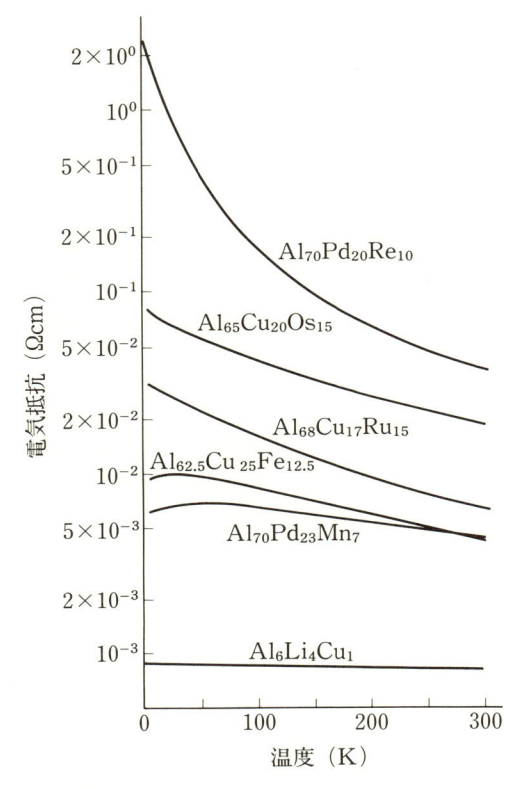

図 6-6 種々の準結晶合金の電気抵抗の温度依存性.

　図 6-7 は周期的でないポテンシャルの中で弱く局在した電子の状態を模式的に示したものである．このように，準結晶はその特異な構造が特異な電子状態をもたらし，それが電気伝導を支配している例といえる．

　超伝導現象はさまざまな物質で観測されている．1911 年に H. Kamerlingh-Onnes というオランダの物理学者が Hg について最初に超伝導を見いだしてから，多数の金属が低温で超伝導遷移を起こすことが明らかにされた．純金属に関しては，結晶構造と超伝導遷移温度との間には特別な相関は見られな

6・4 電気伝導と構造   157

弱局在した電子の状態

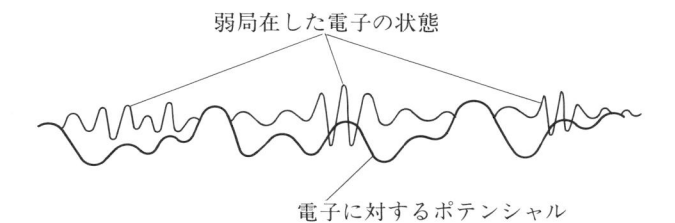

電子に対するポテンシャル

図 6-7　電子の弱局在状態を示す模式図.

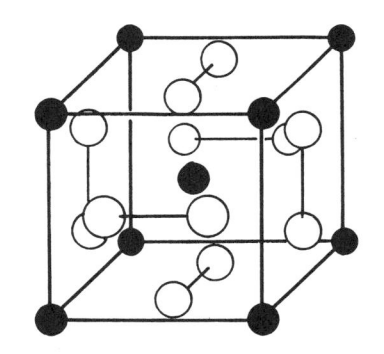

図 6-8　A 15 型構造. 単位胞は A 原子(黒丸)2 個と B 原子(白丸)6 個よりなり，AB_3 という化合物を形成している.

い. しかし，その後 Nb_3Sn や Nb_3Ge といった特定の構造(A 15 型構造とよばれる(図 6-8))を有する金属間化合物が 20 K 前後の高い遷移温度をもつという事実が見いだされ，これらの化合物は超伝導材料として実用に供せられるようになった．

1986 年には，スイスの IBM 研究所の Bednorz と Müller によって，30 K 以上の遷移温度をもつ酸化物$((La, Ba)CuO_4)$が発見されて，高温超伝導フィーバーを迎えることになった．その後は $YBa_2Cu_3O_7$, $Bi_2Sr_2Ca_2Cu_3O_{10}$, $Tl_2Ba_2Ca_2Cu_3O_{10}$ など，超伝導遷移温度が液体窒素温度(77 K)を超える酸化物が続々と発見され今日に至っている．

これらはいずれもペロブスカイト型構造(図 6-9)を基本とした構造単位が

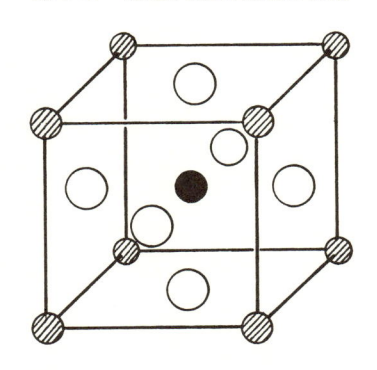

図 6-9 ペロブスカイト型構造．単位胞は A 原子(黒丸) 1 個と，B 原子(斜線) 1 個と C 原子(白丸) 3 個よりなり，ABC_3 の化合物を形成する．理想的には立方晶であるが，現実のペロブスカイト型結晶はわずかに歪んでいる場合が多い．

積層した類似の層状の構造をもっている．これらの事実は，高い遷移温度をもつ超伝導体を探索するには，特定の構造をより所として行えばよいということを示唆している．

　1957 年に発表された超伝導機構に関する BCS 理論(BCS は Bardeen, Cooper, Schriefer の 3 研究者の頭文字をとったもの)によると，スピンおよび波動ベクトルが逆向きの二つの電子が格子振動を媒介として対(Cooper 対とよばれる)を形成し，低いエネルギー状態に落ち込む．その際，エネルギーギャップが形成されるので，小さなエネルギーのやりとりを行う散乱過程が禁止されて，抵抗を生じることなく電流が流れ，超伝導現象が生じる．Cooper 対を形成するか否かは電子格子相互作用の強さや格子振動が関係する．格子振動の様子は特に原子構造によって強く支配されるために，A 15 型のような特定の構造の結晶が超伝導になりやすいということが起こるのである．

　酸化物超伝導体では，ペロブスカイト型を基本とする構造が積層した層状構造の中で，Cu 原子と酸素原子が CuO_2 の平面上の網目を形成していて，

それが高い超伝導遷移温度の発現と関連していると考えられている．まだ高温超伝導の機構については統一的な見解が得られていないが，やはり構造の特異性が重要な役割を果たしていることは確かであり，超伝導と原子構造は極めて密接な関連をもっている．

なお，構造と電気伝導の関係で言及しなければならないのは物質の次元性である．高分子結晶などでは，3次元的な結晶構造をもちながら1次元方向にのみ強く結合し，それと垂直方向にはファン・デル・ワールス結合のような弱い結合をしているものが少なくない．また，最近は2種類の半導体結晶を交互に積層させた人工的な2次元的結晶も作成されている．このような物質を低次元結晶とよんでいる．このような低次元結晶中の電子輸送現象にはしばしば特異な現象が現れる．たとえば1次元性の結晶で見られるパイエルス転移，2次元的な伝導に見られる量子ホール効果などがあるが，ここでは詳細は省略する．

6・5 磁性と構造

磁性の起源は原子を構成する電子自身がもつスピン，原子核のまわりを回る電子の運動によって生じる磁気，原子核のもつ磁気モーメントである．したがって，どのような物質も必ず磁性をもっている．しかし，磁気の強さ，あるいは磁場を作用させたときに物質に働く力は物質によって10桁にも及ぶ大きな違いがある．磁性は，常磁性，反磁性，強磁性，反強磁性などに分類されるが，磁性材料として利用される物質は強磁性体である．

強い磁気をもたらすのはFe，Ni，Co，Mnなどの遷移金属元素である．これらの原子がもつ強い磁気モーメントはd電子のスピンに起因する．しかし，これらの元素が存在すれば常に強磁性になるわけではない．たとえば，Feは体心立方構造をもつとき（α相の鉄）は強磁性を示すが面心立方構造のとき（γ相の鉄）は常磁性（低温では反強磁性）である．ステンレス鋼がα相のステンレスかγ相のステンレスかを見分けるには磁石に付くか否かを

見れば直ちに区別がつく．このように，磁性は原子の種類だけでなくその構造と密接に関係している．

固体の中に含まれる Fe などの磁性原子の間には磁気モーメントを介して相互作用が働く．それを交換相互作用という．その相互作用は磁性原子間の距離の関数で，距離が近いときにはスピンが逆向きになろうとする負の交換相互作用，ある距離以上離れると同じ向きになろうとする正の交換相互作用が働く．磁性原子間の距離がさらに遠くなると当然直接の交換相互作用は弱くなるが，今度はその間に存在する非磁性原子のs電子を介した相互作用(4名の研究者の頭文字をとって RKKY 相互作用とよばれる)が働くことも知られている．

このように，磁性元素を含む物質の原子構造の違いは，磁性原子間の距離の違いを通じて敏感に磁性に反映する．なお，交換相互作用は磁性原子間の距離のみでなく最近接原子数にも依存するので単純に原子間距離のみで論じることはできない．しかし，原子の幾何学的配列の仕方にはそれほど敏感ではない．そのため，アモルファス合金であっても Fe-Co や Fe-Ni 系のように多量の磁性金属元素から構成されているものは，結晶の場合と同様に，強い強磁性を示すのである．

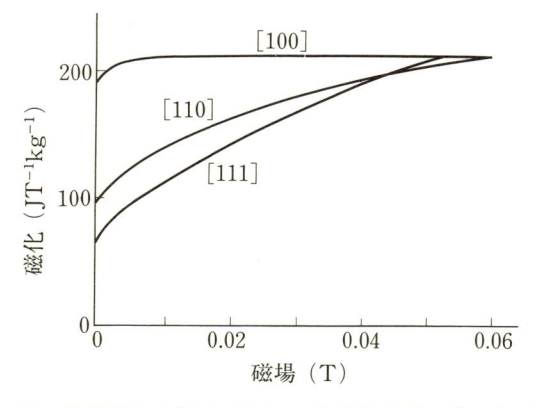

図 6-10　鉄単結晶の結晶方向による磁化曲線の違いを表す．

6・5 磁性と構造

　原子構造や組織が磁性材料にとって重要な役割を果たすのは，磁気異方性や保持力などマクロな磁化過程を通じてである．図 6-10 は昭和初期に我が国の本多，茅の 2 研究者によって測定された有名な Fe 単結晶の磁化曲線である．電力用のパワートランスなどに用いられる鉄芯には，高い磁束が得られる［100］方向を磁化の方向にそろえることによって，変圧に伴う電力の損失を少なくすることができるので，多結晶体であっても個々の結晶粒の［100］方向が磁束の方向に一致するような集合組織[*6]をもった鋼板が開発されいる．

　また，磁化過程にはヒステリシスが存在する．図 6-11 は磁場を変化させたときの磁化曲線である．いったん飽和磁化に達したのち磁場を逆転させると，逆向きに $-H_c$ という磁場をかけなければ磁化は反転しない．H_c を保

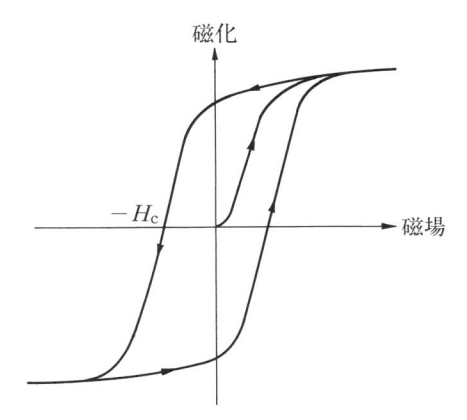

図 6-11　ヒステリシスを示す強磁性材料の磁化曲線．H_c は保持力とよばれる．

[*6] 多結晶体の材料で，個々の結晶粒の結晶方位がランダムに分布していないで，ある偏りをもつとき，その材料は集合組織をもつという．集合組織は結晶が一方向に凝固する過程や，圧延や線引きなどの加工によって結晶粒の方向性が発生し，また加工組織が高温の熱処理で再結晶する過程でも形成される．

持力という．

　マクロには磁化していない状態の強磁性材料は，結晶学的に等価なさまざまな方向に磁化した細かい磁区から構成されている．磁場を作用させることによって磁壁が移動して磁場の方向に磁化した磁区だけが大きくなる．最終的には単一の磁区になって飽和する．磁壁の移動のしやすさが磁化のしやすさを決めている．磁壁の移動に対しては不純物や析出物などが障害となる．アモルファス合金の組織は極めて均質なので，磁壁の移動に対する抵抗が小さく，磁気異方性もないのでトランスや磁気ヘッドなどの軟磁性材料として適しているのである．永久磁石として用いられる硬磁性材料は H_c の値が非常に大きく，いったん一方向に磁化させるとその状態が保持される．H_c を大きくするには析出物などで磁壁を固定するか，結晶粒を小さくしたり磁化方向に長細くして，逆向きの磁区の発生を著しく困難にする工夫が行われている．このように，磁性材料としてのマクロな磁気的性質には，その構造や組織が大きな役割を果たす．

6・6　光学的性質と構造

　物質の光学的性質も電気的性質と同様，物質中の電子の状態で左右される．それは，光すなわち電磁波は電子と強く相互作用するからである．したがって，原子構造が光学的性質と直接関わる部分は少ない．しかし，物質中の欠陥や不純物が光学的性質に決定的役割を担う場合がある．

　光と物質の相互作用の結果として，光の反射，吸収，透過，散乱などの現象が生じる．物質による光の吸収は
　（1）自由電子の振動の励起，
　（2）電子の高エネルギーレベルへの励起（量子遷移），
　（3）原子やイオンの振動の励起
など，さまざまな機構がある．

　金属中には多数の自由電子が存在する．それらが位相をそろえて振動する

6・6 光学的性質と構造

振動数をプラズマ振動数とよび,

$$\omega_p = (4\pi n e^2/m^*)^{1/2}$$

で与えられる．n は自由電子密度，e は電子の電荷，m^* は電子の有効質量である．ω_p より小さい振動数の光に対しては，電子の振動が誘起されて光が物質の内部に入らず全反射する．ω_p より振動数の大きい光は電子の振動を励起できないので物質中を透過する．金属では n が極めて大きいので ω_p は可視光あるいは紫外光の振動数になる．そのため，金属は光の反射率が構造には関係なく極めて高い．

絶縁体や半導体物質を構成するイオンは電磁波で分極を起こして振動が励起される．そのような振動の励起は，当然構造を反映したものになる．しかし，その振動数は可視光の振動数よりずっと小さく赤外領域なので可視光に対する影響は小さい．半導体や絶縁体中での光の吸収で重要な役割を果たすのがバンドギャップである．それは，荷電子帯の電子が光によって空の伝導帯に量子遷移を起こすからである．

すなわち，バンドギャップのエネルギーを E_g とし光の振動数を ω とすると，フォトンのエネルギーは $\hbar\omega$（$\hbar$ はプランク定数を 2π で割った値）であり $\hbar\omega > E_g$ をみたす振動数の光は，物質中の電子を荷電子帯から伝導帯に励起するので，物質中で吸収される．一方，$\hbar\omega < E_g$ をみたす振動数の光は半導体や絶縁体ではほとんど吸収されない．そのため，半導体や絶縁体の吸収係数を光の波長に対してプロットすると，ある波長以上（あるエネルギー以下）で吸収係数が急激にゼロになる．その部分を吸収端という．

可視光の波長は 40 nm から 80 nm なので，それをフォトンのエネルギーにすると 1.7 eV から 3 eV である．したがって，バンドギャップエネルギーが 2 eV よりも大きな半導体や絶縁体は，結晶であれアモルファスであれ，可視光を吸収しないので透明になる．酸化物ガラス，水晶，食塩，ダイヤモンドなどがその例である．ただし，このような物質の光学的性質に重要な役割を果たすのが不純物である．

無色透明なアルカリハライド結晶をアルカリ金属の雰囲気中でアニールす

ると色がつく．この現象は，結晶中に金属イオンが過剰に入って陰イオンの空格子が生じ，そこに捕えられた電子が可視光を吸収するからである．このような欠陥に捕えられた電子は完全結晶の部分の電子よりも結合が弱いので，バンドギャップ中に電子レベルを形成し，可視領域の光で伝導帯に励起されるのである．このように結晶に色をつける欠陥を一般に色中心とよぶ．上記の色中心はF中心と名づけられているが，このほかにもさまざまな種類の色中心が知られている．

酸化物結晶などに遷移金属が不純物として混入すると，やはりバンドギャップ中に電子レベルを形成して可視光を吸収する場合がある．たとえばAl_2O_3(アルミナ)中にCrイオンが不純物として混入すると，黄色より短い波長の光を吸収して真っ赤になる．これがルビーである．宝石の色は多くの場合，不純物による光の吸収によって生じる．

結晶の光学的性質に結晶構造が直接関わる現象に複屈折という現象がある．方解石の単結晶を紙の上にのせてみると，紙に書いたものが二重に見える現象としてよく知られている．この現象は，結晶の異方性のために，伝播する方向によって速度が異なる光(異常光線)が生じるからである．すなわち，光学的に異方性をもった結晶中に入射した光は，互いに直角に偏光した球面波(正常光線)と回転楕円体波(異常光線)に分かれ，そのため図6-12に示すように，A方向とB方向の2方向に分かれて屈折が生じる．これが複屈折である．

三斜晶系，単斜晶系，斜方晶系の結晶は光学的には2軸の異方性結晶，正方晶系，六方晶系，三方晶系は1軸異方性結晶である．立方晶系のみ光学的に等方的で複屈折が生じない．もちろん，アモルファス物質は等方的である．ガラスはレンズやファイバーのように任意の形にしやすいことのほかに，光学的に等方的であることが光学材料として有用である大きな理由である．

6・6 光学的性質と構造　　　165

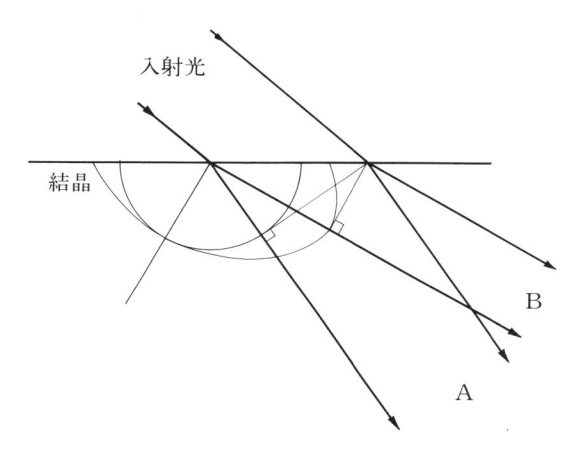

図 6-12　複屈折現象の説明図.

──改訂新版付録──

 2000年に，$Cd_{84}Yb_{16}$ 合金で熱力学的に安定な正20面体相が発見された．これは，2元系での安定準結晶の初めての例である．その後の研究で，この正20面体相を構成する原子クラスターはMI型ともRT型とも異なることがわかり，そのクラスターはこの相の発見者の名前にちなんでTsai型と名付けられた．

 付図(c)にTsai型クラスターの構造を示す．最も内側に4個のCd原子が正4面体をつくり，その外側に20個のCd原子が正20面体を構成する．さらに，その正12面体の各面の中心に12個のYb原子が配位して正20面体を構成し，その12個のYb原子の隣接する2個の原子の間に1個ずつ合計30個のCd原子が配位して，最外殻の32面体を構成する．以上のように，このクラスターは総計66個の原子からなる．なお，付図(a)，(b)に図4-1に示したMI型クラスターとRT型クラスターを付図(c)のTsai型クラスターと同様に，各層に分解した形で示す．

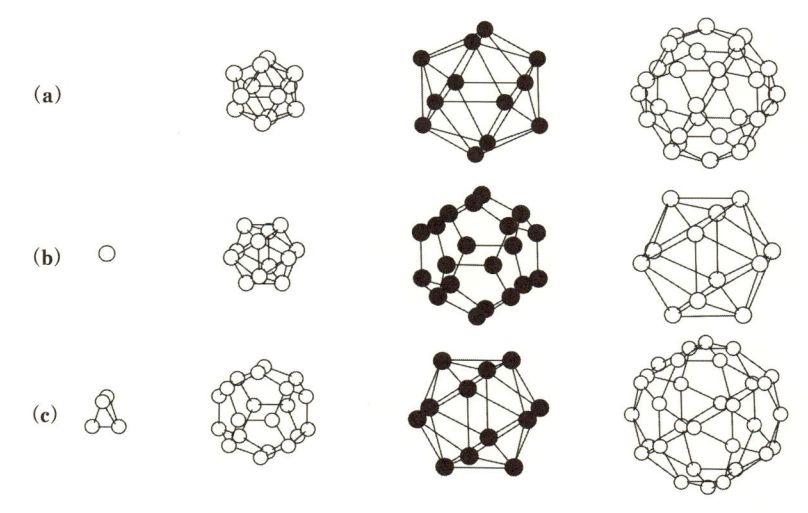

付図 （a）MI型クラスター，（b）RT型クラスター，（c）Tsai型クラスター．

Cd-Yb 系での発見以後,現在までに約 30 の合金系で Tsai 型の正 20 面体相が見出されている.それらはいずれも P 型ブラベー格子をもつ.Tsai 型 P 型の正 20 面体相を含めて,表 4-1 の準結晶の分類は,表 4-1(改訂版)のように書き直すことができる.

表 4-1(改訂版)　主な準結晶合金.下線を付した合金は安定相,他は準安定相.

相			合金
正 20 面体相	MI 型	P 型	Al_4Mn, $Al_{72}Mn_{20}Si_8$, $Al_{72}V_{20}Si_8$, $Al_{84}Cr_{16}$, $Al_{40}Mn_{25}Cu_{10}Ge_{25}$, $Pd_{60}U_{20}Si_{20}$
		F 型	$\underline{Al_{65}Cu_{20}Fe_{15}}$, $\underline{Al_{65}Cu_{20}Ru_{15}}$, $\underline{Al_{65}Cu_{20}Os_{15}}$, $\underline{Al_{70}Pd_{20}Mn_{10}}$, $\underline{Al_{70}Pd_{20}Re_{10}}$
	RT 型	P 型	$\underline{Al_5Li_3Cu}$, $\underline{Ga_{10}Mg_{18}Zn_{21}}$, $\underline{Mg_{45}Pd_{14}Al_{41}}$, Al_6Li_3Au, $Al_{50}Mg_{35}Ag_{15}$
		F 型	$\underline{Zn_{56}Mg_{36}Y_8}$, $\underline{Zn_{56}Mg_{36}Gd_8}$, Al-Li-Mg
	Tsai 型	P 型	$\underline{Cd_{84}Yb_{16}}$, $\underline{Ag_{42}In_{42}Yb_{16}}$, $\underline{Zn_{77}Fe_7Sc_{16}}$
正 10 角形相			Al_4Mn, Al-Fe, Al-Pd, $\underline{Al_{70}Ni_{15}Co_{15}}$, $\underline{Al_{65}Cu_{20}Co_{15}}$, $\underline{Al_{75}Pd_{15}Fe_{10}}$, $\underline{Al_{70}Mn_{17}Pd_{13}}$
正 8 角形相			$Cr_{71}Ni_{29}$, $V_{15}Ni_{10}Si$
正 12 角形相			$Cr_5Ni_3Si_2$, $V_{15}Ni_{10}Si$

索　引

あ
RKKY 相互作用　160
RT 型　109
　　——P 型　110
　　——クラスター　113, 114
I 型立方格子　74
アトムプローブ FIM 法　59
アモルファス　20, 39, 120
　　——金属　22
　　——Si　122, 138
　　——合金　124
　　——構造　35
　　——固体　119
　　——シリコン　22, 121
　　——の形成能　132
　　——半導体　22, 122, 129
アルカリ金属　11
アルカリハライド結晶　11
暗視野像　51
安定状態　22, 120

い
イオン結合　11
イオン結晶　11, 17
イオン性　13
イオン伝導　12
イオン半径　17
異常光線　164
異常散乱　128
位相　26
位相コントラスト伝達関数　53
位相物体　51, 53, 55

1 軸異方性結晶　164
1 次元準周期構造　92
異方性　122, 144
異方性定数　146
イメージング・プレート　47
色中心　164
陰イオン　11

う
ウィスカー　21
ウルツ鉱型構造　16, 77

え
AFM　57
永久変形　147
映進対称　61
映進対称操作　66
HRTEM 法　26, 49
hcp →六方最密構造
AP-FIM　59
A15 型　17
A15 型構造　77, 157
液体急冷法　121
液体超急冷法　132
STM　56
　　——法　27
X 線回折　61
　　——法　41
X 線結晶学　25
n 型　80
エネルギー項　116
エネルギーバンド　9

エバルト球　44
エバルトの作図法　34, 44
FIM　58
　——法　27
F型正20面体相　114
F型立方格子　74
fcc →面心立方構造
F中心　164
MI型　109
　——F型　110
　——P型　110
　——正20面体相　112
　——クラスター　113
MFM　57
eV　4
塩化セシウム型　17
　——構造　77
塩化ナトリウム型　17
　——構造　77
エントロピー　3
　——項　116

お
応力-歪曲線　147
オームの法則　153

か
回映操作　63
外殻電子　1, 5
回折強度　29
　——関数　30, 38
回折コントラスト　51
回折実験　30
回折図形　28
回折像　28
回折法　37
回折理論　27
回転操作　63
回転対称　61
回反操作　64
化学欠陥　78
化学蒸着法　121
化学的短範囲規則性（CSRO）　129, 136
核形成エネルギー　120
核散乱　48
核生成エネルギー　132
ガス不純物　79
硬さ　152
価電子帯　9, 11
ガラス　21, 120
　——転移温度　135
カルコゲナイド　12
　——ガラス　22, 130, 139
カルコゲンガラス　139
カルコゲン元素　12
過冷却　119, 135
緩和時間　154

き
擬ギャップ　117
規則格子秩序　114
規則相-不規則相　111
気体急冷法　121
希土類元素　7
　第2——　7
逆格子　32
吸収端　163
凝集エネルギー　2, 4
鏡映操作　63

鏡映対称　61
強磁性　142, 159
強磁性体　48
凝集機構　5
共有結合　11
　　——アモルファス　22
　　——結晶　10
局在状態　101, 155
近似結晶　89, 104, 112
金属　8, 16
金属ガラス　22, 121, 140
金属間化合物　13, 17
金属結晶　17
金属元素　7
　半——　7
　非——　7

く

空間群　62, 67
空孔機構　81
Cooper 対　158
グラファイト　23
群　64

け

珪酸塩ガラス　22, 119, 131, 137
珪素鋼板　146
k 空間　15
結合状態　10
　反——　10
結晶　61
結晶学　61
結晶系　62, 69
結晶欠陥　62, 78
結晶構造　69

結晶中の欠陥　78
結晶の対称性　63
結晶の点群　67
原子間ポテンシャル　1
原子間力顕微鏡　57
原子空孔　80
原子形状因子　43
原子散乱因子　43, 48
原子修飾　65, 111
原子の表面再構成　57
原子配列直接観察法　49
原子半径　16

こ

高温超伝導　157
光学的性質　162
交換相互作用　160
格子　32, 65
　——間原子　80
　——欠陥　78
　——振動　154
　——定数　46
　——並進ベクトル　65
高次元周期構造　40
硬磁性材料　162
剛性率　146
構造緩和現象　136
剛体球モデル　127
光電変換効率　139
恒等操作　63
降伏応力　147
高分解能透過電子顕微鏡法　26, 49, 112
高分子結晶　132
後方焦平面　49

固相の同定　46
固体の分類　19
固溶強化　80
固溶限　23
固溶原子　79
固溶体　23, 79
混合転位　83
混成軌道　9

さ

再構成構造　57
ザイツの記法　65
最密構造　75
最密充塡構造　16
酸化物　13, 17
酸化物ガラス　137
III-V族化合物　12
三斜晶　71
三方晶　71
散乱波　53
散乱ベクトル　29, 37

し

CSRO→化学的短範囲規則性
シェーンフリースの記法　63
Scherzer focus　54
磁化曲線　161
磁化容易軸　146
磁気異方性　161
磁気構造　48
磁気散乱　48
磁気力顕微鏡　57
磁区　162
時効処理　23
自己拡散　81

自己相似性　36, 37, 89, 91, 98, 100, 107
磁性　159
実空間密度関数　38
実格子　32
磁壁　162
弱局在状態　155
写真法　41
斜方晶　71
自由エネルギー　3
周期表　5
集合組織　161
収差係数　53
自由体積　136
自由電子　7, 16, 153
自由電子近似　154
10回対称原子クラスター　115
準安定状態　23, 120
準結晶　21, 40, 87
　——合金　108
　——の回折強度関数　35
準周期構造　98, 108
準周期性　37, 89, 90
純粋点対称操作　66
純粋並進対称操作　66
常磁性　159
状態密度　15, 154
蒸着法　121
ジョーンズ領域　117
刃状転位→「は」の項
侵入型に固溶　23
侵入型不純物原子　78
シンモルフィック　67

す

スパッタリング法　121
すべり系　83
すべり変形　81
すべり面　81,148
スレーター‐ポーリング曲線　142
ずれ弾性率　146

せ

正孔　80,153
正12角形準結晶　87
正12角形相　109
正10角形準結晶　87
正10角形相　109
静電エネルギー　11
正20面体準結晶　87
正20面体相　109
正8角形準結晶　87
正8角形相　109
正方晶　71
石英ガラス　137
　——ファイバー　123
赤外吸収　130
析出強化　80
積層欠陥　84
せん亜鉛鉱型構造　16,77
遷移金属　7
線欠陥　78
全反射　163

そ

相互拡散　81
走査トンネル顕微鏡法　26,49,56
走査トンネル分光法　57
層状結晶　150

た

像平面　49
ソーダガラス　131
ソーダ石灰シリカガラス　138
塑性　147
塑性歪　147
塑性変形　81

た

ダイオード　80
対称性　63
対称操作　63
帯磁率　146
体心立方構造　16,74,76
体積弾性率　146
ダイヤモンド構造　74,76
太陽電池　122,130,138
多結晶　20,84
たたみこみ関数　42
単位構造　32
ダングリング・ボンド　130,138
単結晶　20,84
単斜晶　71
単準結晶　108
単色X線　44
弾性異方性　144
弾性定数　144
弾性歪　104
弾性率　144
単体　1
単ロール液体急冷法　133

ち

置換型に固溶　23
置換型不純物原子　78
中間相　23

中心波　53
中性子回折法　48
超急冷　121
長距離並進秩序　38
超原子　40, 89, 94, 111
　　3次元――　113
　　2次元――　115
超伝導　156
超伝導遷移　156

て
DRPSSモデル　127
TSRO →トポロジカルな短範囲規則性
T_0 曲線　134
$D0_3$ 型構造　77
T_0 点　134
TTT曲線　133
低次元結晶　159
defocus量　53
ディフラクトメータ法　41
適合則　107, 117
δ 関数　30
転位　81
電界イオン顕微鏡法　26, 49, 58
電界蒸発　59
電気抵抗率　155
電気伝導　153
　　――率　146, 153
電気分極率　146
点群　65
点欠陥　78
電子回折図形　47
電子回折法　47
電子化合物　15
電子感光板　140

電子対原子比　14
電子波の波長　47
点対称操作　63, 65
伝導帯　11

と
透過電子顕微鏡　47
透過ラウエ法　46
動径分布関数　38, 39
動力学的散乱　55
ドーピング　153
ドープ　80
特性X線　44
トポロジカルな短範囲規則性 (TSRO)
　　129, 136
トランジスタ　80
トンネル電流　56, 57

な
鉛ガラス　131
軟磁性材料　122, 162

に
2軸異方性結晶　164
2次元準結晶　109
2次元正10角形準結晶　105
2体分布関数　123
2体ポテンシャル　3
II-IV族化合物　13

の
ノイマンの原理　67

は
バーガース回路　81

索　引　　　　　　　　　　175

バーガース・ベクトル　　81, 147
配位数　　2, 22, 76
パイエルス応力　　148
パイエルス転移　　159
パイエルス・ポテンシャル　　148
パウリの原理　　8
白色 X 線　　46
刃状転位　　83
波数　　15
パターソン関数　　39
バナールの孔　　126
ハローパターン　　123
ハロゲン元素　　11
反強磁性　　159
反強磁性体　　48
反磁性　　159
反射ラウエ法　　46
反転操作　　63
反転対称　　61
半導体　　11
半導体結晶　　17
バンドギャップ　　11

ひ

p 型　　80
P 型六方格子　　74
P 格子　　72
BCS 理論　　158
bcc →体心立方構造　　74
B 2 型構造　　17
光結晶化　　140
光構造変化　　131, 140
光センサー　　123
光ファイバー　　137
ひげ結晶　　21

非晶合金系　　134
非晶質固体　　119
ヒステリシス　　161
非整合相　　108
ビッカース硬さ　　152
非平衡状態　　119
ヒューム-ロザリー化合物　　14, 90, 117
pin 構造　　139

ふ

ファン・デル・ワールス力　　11, 150
フィボナッチ格子　　35, 94
フィボナッチ数列　　95
フィボナッチ配列　　94
フーリエ正弦変換　　40
フーリエ変換　　26, 38, 42
フェイゾン　　101
　──歪　　89, 103
　──変位　　103
フェルミ球　　14, 15
フェルミ速度　　154
フェルミ面　　15
フォノン歪　　103
フォノン変位　　103
不活性ガス　　11
複屈折　　164
複合材料　　21
不純物拡散　　81
不純物半導体　　80
物質の 3 態　　1
物性　　143
物理蒸着法　　121
部分転位　　147
部分 2 体分布関数　　128
フラクタル　　90

プラズマ振動数　163
ブラッグ回折　32, 34
　　——波　44
ブラッグ反射　32
ブラベー格子　62, 72
フランク-カスパー相　109
プリミティブ基本ベクトル　73
プリミティブ単位胞　73
ブリルアン境界　15
ブリルアン領域　14, 15
フレンケル対　80
ブロッホ状態　101
分解能　55
分散強化　80
分子結晶　11
粉末ディフラクトメータ法　44, 45

へ
並進対称性　61
並進対称操作　65
並進秩序　30
へき開面　150
ヘルムホルツの自由エネルギー　3, 116
ペロブスカイト型構造　77, 157, 158
ペンローズ格子　105
　2次元——　106
　3次元——　107

ほ
ポアソン比　146
ボイド　85
硼珪酸ガラス　131
ball-and-spoke モデル　130
補空間　94

保持力　161
蛍石型構造　77
ホッピング伝導　155

ま
マーデルングエネルギー　12
Mackay Icosahedron　112
マルチ-スライス法　55

む
無機物　4, 19

め
明視野像　50
メッキ法　121
面間角一定の法則　61
面欠陥　78
面心立体金属　149
面心立方構造　16, 74

や
ヤング率　146

ゆ
有機化合物　4, 19

よ
陽イオン　11
4軸ディフラクトメータ法　44

ら
ラウエ　25
ラウエ法　46
らせん状多4面体　125
らせん対称　61

らせん対称操作　66
らせん転位　83
ラマン散乱　130
ランダムタイリング準結晶　118
ランダムタイリング・モデル　117
ランダムネットワーク構造　131
ランダムネットワーク・モデル　129

り

立方晶　71
リニアフェイゾン歪　104
粒界　84
菱形30面体　114
量子遷移　162
量子ホール効果　159
菱面体晶　72

臨界状態　101

る

ルチル型構造　77

れ

冷却曲線　134
零点振動エネルギー　4
レーザーアブレーション法　121
連続X線　46

ろ

Local Isomorphism Class　101
六方最密構造　16, 74, 75
六方晶　71

Memorandum

Memorandum

Memorandum

材料学シリーズ　監修者

堂山昌男	小川恵一	北田正弘
東京大学名誉教授	横浜市中央図書館館長	東京芸術大学教授
帝京科学大学名誉教授	元横浜市立大学学長	工学博士
Ph. D., 工学博士	Ph. D.	

著者略歴　竹内　伸（たけうち　しん）

- 1935 年　東京に生まれる
- 1960 年　東京大学理学部物理学科卒業
- 同　年　科学技術庁金属材料技術研究所研究員
- 1969 年　東京大学物性研究所助教授
- 同　年　東京大学理学博士
- 1983 年　東京大学物性研究所教授
- 1991～1996 年　同所長
- 1996 年　東京理科大学基礎工学部教授
- 2006 年　東京理科大学学長　現在に至る

枝川圭一（えだがわ　けいいち）

- 1964 年　岡山に生まれる
- 1986 年　東京大学工学部金属材料学科卒業
- 1988 年　同金属材料学専攻修士課程修了
- 1990 年　東京大学物性研究所助手
- 1992 年　東京大学工学博士
- 1995 年　東京大学生産技術研究所講師
- 1997 年　東京大学生産技術研究所准教授　現在に至る

検印省略

1997 年 3 月 10 日　第 1 版発行
2008 年 11 月 15 日　改訂新版発行

材料学シリーズ
結晶・準結晶・アモルファス
―改訂新版―

著　者Ⓒ	竹　内　　　伸
	枝　川　圭　一
発 行 者	内　田　　　学
印 刷 者	山　岡　景　仁

発行所　株式会社　内田老鶴圃　〒112-0012 東京都文京区大塚 3 丁目34番 3 号
電話（03）3945-6781（代）・FAX（03）3945-6782
http://www.rokakuho.co.jp/
印刷・製本/三美印刷 K. K.

Published by UCHIDA ROKAKUHO PUBLISHING CO., LTD.
3-34-3 Otsuka, Bunkyo-ku, Tokyo, Japan

U. R. No. 567-1

ISBN 978-4-7536-5903-6 C3042

材料学シリーズ
Materials Series

堂山昌男・小川恵一・北田正弘 監修
(A5判並製, 既刊34冊以後続刊)

金属電子論　上・下
水谷宇一郎 著　　上：276頁・3150円
　　　　　　　　下：272頁・3675円

結晶・準結晶・アモルファス 改訂新版
竹内 伸・枝川圭一 著　　192頁・3780円

オプトエレクトロニクス
水野博之 著　　264頁・3675円

結晶電子顕微鏡学
坂 公恭 著　　248頁・3780円

X線構造解析
早稲田嘉夫・松原英一郎 著　　308頁・3990円

セラミックスの物理
上垣外修己・神谷信雄 著　　256頁・3780円

水素と金属
深井 有・田中一英・内田裕久 著　272頁・3990円

バンド理論
小口多美夫 著　　144頁・2940円

高温超伝導の材料科学
村上雅人 著　　264頁・3990円

金属物性学の基礎
沖 憲典・江口鐵男 著　　144頁・2415円

入門 材料電磁プロセッシング
浅井滋生 著　　136頁・3150円

金属の相変態
榎本正人 著　　304頁・3990円

再結晶と材料組織
古林英一 著　　212頁・3675円

鉄鋼材料の科学
谷野 満・鈴木 茂 著　　304頁・3990円

人工格子入門
新庄輝也 著　　160頁・2940円

入門 結晶化学
庄野安彦・床次正安 著　　224頁・3780円

入門 表面分析
吉原一紘 著　　224頁・3780円

結晶成長
後藤芳彦 著　　208頁・3360円

金属電子論の基礎
沖 憲典・江口鐵男 著　　160頁・2625円

金属間化合物入門
山口正治・乾 晴行・伊藤和博 著　164頁・2940円

液晶の物理
折原 宏 著　　264頁・3780円

半導体材料工学
大貫 仁 著　　280頁・3990円

強相関物質の基礎
藤森 淳 著　　268頁・3990円

燃料電池
工藤徹一・山本 治・岩原弘育 著　256頁・3990円

タンパク質入門
高山光男 著　　232頁・2940円

マテリアルの力学的信頼性
榎 学 著　　144頁・2940円

材料物性と波動
石黒 孝・小野浩司・濱崎勝義 著　148頁・2730円

最適材料の選択と活用
八木晃一 著　　228頁・3780円

磁性入門
志賀正幸 著　　236頁・3780円

固体表面の濡れ制御
中島 章 著　　224頁・3990円

演習 X線構造解析の基礎
早稲田嘉夫・松原英一郎・篠田弘造 著　276頁・3990円

バイオマテリアル
田中順三・角田方衛・立石哲也 編　264頁・3990円

高分子材料の基礎と応用
伊澤槇一 著　　312頁・3990円

表示の価格は税込定価（本体価格＋税5％）です．